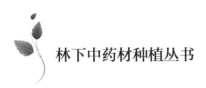

林下中药材种植丛书

U0343346

海南林下南药生态种植

主编　魏建和　周亚奎　王德立

全国百佳图书出版单位

中国中医药出版社

· 北 京 ·

图书在版编目（CIP）数据

海南林下南药生态种植 / 魏建和，周亚奎，王德立主编 . -- 北京：中国中医药出版社，2025.1. --（林下中药材种植丛书）.

ISBN 978-7-5132-9272-6

Ⅰ . S567

中国国家版本馆 CIP 数据核字第 20255D4N51 号

中国中医药出版社出版

北京经济技术开发区科创十三街 31 号院二区 8 号楼

邮政编码　100176

传真　010-64405721

河北省武强县画业有限责任公司印刷

各地新华书店经销

开本 880×1230　1/32　印张 7.25　字数 188 千字

2025 年 1 月第 1 版　2025 年 1 月第 1 次印刷

书号　ISBN 978-7-5132-9272-6

定价　35.00 元

网址　www.cptcm.com

服务热线　010-64405510

购书热线　010-89535836

维权打假　010-64405753

微信服务号　zgzyycbs

微商城网址　https://kdt.im/LIdUGr

官方微博　http://e.weibo.com/cptcm

天猫旗舰店网址　https://zgzyycbs.tmall.com

如有印装质量问题请与本社出版部联系（010-64405510）

《海南林下南药生态种植》
编委会

前　言

　　中药材生态种植是应用生态学原理和生态经济规律，以保障中药材质量和安全为目标，以社会、经济、生态综合效益为指标，结合系统工程方法，立足于林下生态环境，因地制宜地进行中药材生产的一种模式。我国有广袤的林地资源，独特的生态环境，孕育了丰富的植物资源，保证了林地生态系统平衡和生物多样性，维护着人们的健康和可持续发展。经济林、次生林是极为重要的林地资源，有着独特的环境条件和大量林下土地，全国经济林总面积超过4亿亩，合理发展林下种植是当前促进我国农村经济发展的重要方向。近年来，随着我国农村产业结构的不断调整和国家林业重点工程的深入实施，经济林产业已成为各地区发展地方经济、实现乡村振兴的首选产业。林下药材生态种植成为发展林下经济的重要方向，既避免了土地浪费，丰富了生物多样性，又生产了优质药材，推动了林下经济和中药产业发展。大量的优良林地环境为中药材生态种植提供了良好的载体，运用现代农业科技，促进药材品质与产量不断提升。近几年，我国加强了中药材生态种植研究，将其广泛应用于林下药材生产，并取得显著成效，但也存在技术不完善、研究不充分的问题，如林木与药材的互作问题，林地生态环境与药材品质关系问题，林下生态种植田间管理问题等。真正形成完善的林下药材生态种植技术还需开展多方面研究。

南药是中药材的重要组成部分，在我国主要分布在海南、广东、广西、福建等省、自治区。海南省分布着丰富的特色南药资源，如益智、沉香、胆木、裸花紫珠等，部分南药已开展了林下种植，这在调整农业产业结构和提高农民收入方面起到重要作用。海南省经济林总面积超过 1000 万亩，而林下土地利用率不足 1%，大量林下土地资源尚待利用，如何合理、高效地利用林地资源发展南药种植业是当前海南林下经济的重要课题。本书概述我国林地基本情况，重点介绍了分布在海南的橡胶林、槟榔林、其他经济林及次生林等热带林地的分布情况、生态环境、林下南药种植模式及相应的种植技术等，让读者对我国海南林下南药种植情况有初步认识。这些种植技术均是编者经多年实践总结而成，具有较强的可操作性，希望能给读者带来些许参考价值。

因编者学识水平所限，本书可能存在诸多不足和错误，恳请各位读者提出宝贵意见，以便再版时改正和完善。本书出版得到海南省卫生健康委员会及中国医学科学院医学与健康科技创新工程项目的支持。

《海南林下南药生态种植》编委会

2024 年 10 月

目 录

第一章

概论

一、林下经济

林下经济的发展历程与我国林业战略调整及社会需求变化紧密交织。自 20 世纪 50 年代到 60 年代末期，我国多种经济开始萌芽，主要为解决副食品供应不足以及人员就业难等问题我国林区多种经营逐渐有所发展。从 70 年代末期开始，林区多种经营稳步发展，发展步伐不断加快，规模持续扩张。21 世纪初，中国确立了以生态建设为核心的林业发展战略，集体林权制度改革的推进极大地激发了营林热情，多种经营由此进一步演变为"林下经济"，并逐渐成为研究焦点。2004 年，《统计与咨询》期刊刊载的《伊春市林下经济开发浅谈》率先对"林下经济"展开研讨，文中指出"林下经济是指在国家政策许可的管护经营进程中，承包户利用野生植物、野生动物、林间草地、水塘等林下资源开展的生产经营活动"。此后，众多国内专家学者及林业生产实践者纷纷投身于林下经济研究，对其概念的内涵与外延进行了深入剖析与界定，总体可归纳为以下四类观点：其一，林下经济被视作多种生产经营活动的范畴统称，正如 2012 年国务院办公厅《关于加快林下经济发展的意见》文件所明确，林下经济"涵盖林下种植、林下养殖、相关产品采集加工以及森林景观利用等主要内容"；其二，林下经济被视为一种新兴产业；其三，林下经济属于一种复合经营模式；其四，林下经济是一种生态经济体系。当前，学界对于林下经济的定义尚未达成共识，但已形成基本共识：区别于传统以木材为主要产品的森林资源多功能 / 多价值开发利用及可持续经营模式；以生态建设为基石，追求生态、经济、社会综合效益；顺应新发展形势与要求，迈向现代化与产业化方向；有助于推动整体林业发展，提升林区林工和林农的就业机遇与收入水平。

我国森林资源丰富多样，涵盖土地、物种和环境等诸多要素，这不仅使其成为生态建设的关键阵地，也为林下经济发展提供了广阔空间。大力发展林下经济，是贯彻"绿水青山就是金山银山"发展理念的生动体现，是助推脱贫攻坚促进乡村振兴的重要战略选项。在提高林地产出、增加农民就业和收入、实现资源优势转换、推动供给侧结构调整和产业融合发展等方面展现出强大生命力。国家林业和草原局数据显示，截至 2019 年年底，全国林下经济经营和利用面积已达 0.4 亿公顷，林下经济总产值超过 9,000 亿元，从业人数超过 3,400 万，创建国家林下经济示范基地 550 个。林下经济产值达 500 亿元以上的省份已有 9 个，过百亿元的省份 15 个，江西、广西两省林下经济产值甚至超过千亿元。林下经济整体上已取得明显成效，离不开相关政策鼓励和持续支持。如 2010 年中央一号文件《中共中央、国务院关于加大统筹城乡发展力度，进一步夯实农村农业发展基础的若干意见》明确指出，要因地制宜发展林下种养业；2012 年国务院办公厅出台《关于加快林下经济发展的意见》，明确林下经济发展方向，产业发展要同时达到生态和民生建设双重目的；国家林业和草原局随后出台《全国集体林地林下经济发展规划纲要（2014—2020 年）》，引导各地因地制宜发展林下经济，要着力实现林下经济产值和农民林业经营收入双增长；2018 年国家林业和草原局挂牌，并于 2019 年发布《关于促进林草产业高质量发展的指导意见》，要求"巩固提升林下经济产业发展水平"，"培育壮大草产业"；2019 年 12 月 28 日十三届全国人大常委会第十五次会议表决通过了新修订的《森林法》，首次将"林下经济"写入法律条文，对林下经济科学研究和产业发展具有里程碑意义；2020 年国家发展改革委等 10 部门联合印发《关于科学利用林地资源促进木本粮油和林下经济高质量发展的意见》，对新时期林下经济发展作出安排。2023 年 9 月 25 日国务院办公厅印发的《深化集体林权制度改革方案》明确在保护森林资源和生态的前提下，可依法利用公益林的林下资源、林间空地、林缘林地等，适度发展林下经济、生态旅游、森林康养、自然教育等绿色富民产业，严禁变相搞别墅、高尔夫球场等违法违规行为，进一步拓展了林下经济的发展空间和潜力。该方案为林下经济的多元化发展提供了政策依据，引导林下经济在遵循生态保护原则的基础上，实现可持续发展，促进林农增收和乡村振兴。例如，一些地区根据此方案，积极探索林下生态旅游项目，结合当地自然景观和文化特色，打造了一批具有吸引力的旅游线路和产品。林草产业发展主要目标见表 1-1。

表 1-1 "十四五"林草产业发展主要目标

指标	2020 年	2025 年
林草产业总产值（万亿元）	8.1	9
林草产品进出口贸易额（亿美元）	1,528	1,950
经济林种植面积（亿公顷）	0.41	0.43
油茶年产量（万吨）	72	200
竹产业总产值（亿元）	3,000	7,000
国家林业重点龙头企业（个）	511	800
国家林下经济示范基地（个）	550	800
林特产品中国特色农产品优势区（个）	27	40
生态旅游年接待游客人次（亿人次）	—	25
国家森林步道里程（km）	25,000	35,000

引自：国家林业和草原局（林规发〔2022〕14 号）《林草产业发展规划（2021—2025 年）》。表中均为预期性指标。

林下经济符合资源持续经营理念，能实现生态和经济双赢，具有十分重要的综合效益，也具备显著的市场优势与发展潜力。林下经济第一产业是农民最适应最熟悉的产业；丰富的生物资源、悠久的农业历史和林业传统、广袤且日益增长的林地面积、优质的生态农产品的强烈需求等，都是有利条件；林下经济第二产业主体是绿色产业；林下经济第三产业是朝阳产业，特别是林业产业与康养业、与信息技术的融合发展，更具有成长性；林下经济是一个优势特色产业，在我国现阶段国民经济整体发展态势和乡村振兴战略条件下，前景光明、空间巨大。

二、生态农业与生态种植

种植业即植物栽培业，其特点是（传统上）以土地为基本生产资料，利用植物光合作用将二氧化碳、水和矿物质合成有机物质，同时将太阳能转化为化学潜能存储在有机物质中。种植业常被理解为狭义农业，也是广义大农业的基础和主要组成部分，具有特殊地位。作为中华文明的母体和基础，中国的农耕文明是世界唯一延续至今且未曾中断的文明形态；而作为农耕文明的起点，种植业是支撑农业发展的主要环节，其稳定和高质量发展对夯实我国国民经济建设基础具有重要意义。

生态种植，是当前种植业全面转型升级的必然要求，处于石油（化学）农业向现代生态农业发展的大趋势中。作为现代农业的最初阶段，石油（化学）农业是指部分发达国家大量使用以石油产品为动力的农业机械和以石油制品为原料的化肥、农药等农用化学品，来追求农业高产出的生产方式。然而这种高投入高能耗的"工业化"农业导致环境污染、生态失衡、资源退化、农产品品质和安全等问题频发，致使人类不得不重新认识人与自然的关系，并开始考虑现代农业的发展方向和建设渠道。20世纪70年代以来，自然农法、有机农业、可持续农业、生物农业、生物动力农业、生态农业等各种类型农业概念和实践应运而生，其基本精神都是立足于生态环境保护和资源永续利用。生态农业实践起源于东方传统农业，新兴于现代西方发达国家。现代性"生态农业"概念最初由美国土壤学家 William Alborecht 于 1971 年提出，然而其内涵和外延还不完全清晰。国内也有影响较大的两种代表性流派 / 观点。生态学家马世俊认为"生态农业是生态工程的简称，以生态学和生态经济学原理为基础，现代科学技术与传统农业技术相结合，以社会、经济、生态效益为指标，应用生态系统的整体、协调、循环、再生原理，结合系统工程方法设计，通过生态与经济的良性循环农业生产，实现能量的多级利用和物质的循环再生，达到生态和经济发展的循环及经济、生态和社会效益的统一，使农业资源得到合理使用的新型农业生产技术体系"。而作物遗传学家卢永根等认为"凡是把生态效益列入发展目标，并且自觉地把生态学原理运用于生产中的农业，都可以称生态农业"。2018 年"生态文明"被写入《中华人民共和国宪法修正案》，表明生态农业在我国发展到了一个新的时期。从 2005 年到 2018 年，中国境内生态有机作物种植面积从 464,000 公顷增长至 3,135,000 公顷，种植面积增长近 7 倍。

尽管生态农业概念还没有完全清晰，但生态种植作为一种具体技术体系和生态农业模式已有共识，并在持续发展。也有学者总结了较为流行的生态种植及其配套技术，如立体种植技术；野生抚育、仿生栽培、拟境栽培技术；抗性等优良性状品种选育技术；农作物病虫害生物防治技术；平衡、精细、精准施肥技术；土壤改良、水土保持和节水灌溉技术；传统农业技术（如轮作、间作、耕作、晒田等措施），免耕、少耕、浅耕技术，农业废弃物（如秸秆、牲畜粪便等）循环利用技术；设施农业技术。需要注意的是，与生态农业强调在农业生产全过程体现符合自然界生态规律的总指导原则不悖，生态种植并非一味排斥石油（化学）农业的具体做法和要素。

相较于粮食、果树等其他栽培品种 / 类别，中药植物资源包含物种最广、适生环境最多样，既用于中医治病、防病、养生，也是国际植物药、化学药品、食品等工业的重要原料。中药植物种植，对于生态建设、农业结构调整和多领域三产融合发展具有重大意义，也是我国具有独特开发利用优势和发展战略产业的物质基础。实际上直到20世纪90年代以后，大量中药材才逐步从野生走向栽培。随着中药材种植业模仿传统农作物种植模式而快速发展，质量下降、农药残留、重金属污染、连作障碍等问题也随之产生，中药材的安全性和有效性问题成为健康产业良性发展的障碍。自身问题倒逼和社会经济发展新态势推动，中药材种植业已开始步入生态种植阶段。2015年4月我国颁布首个关于中药材保护和发展的国家级规划《中药材保护和发展规划（2015—2020年）》；2016年2月国务院印发《中医药发展战略规划纲要（2016—2030年）》对中药材发展进行协调设计；2016年12月我国正式出台《中华人民共和国中医药法》；2018年12月农业农村部等三部委制定了《全国道地药材生产基地建设规划（2018—2025年）》对于药材基地建设进行规划性指导，明确提出了中药材生态种植技术的标准化体系建设；2019年10月《中共中央 国务院关于促进中医药传承创新发展的意见》发布，明确要求了中药材培育方法要绿色、科学，要保持道地药材资源量，采用生态种植实现野生药材的永续利用和药材的优质生产，推进中药材产业不断健康发展。

三、林下中药生态种植

林下经济对我国林业产业长远发展和森林生态功能发挥具有重要意义，大体可分为4个类型：林下种植、林下养殖、林下产品采集加工和森林旅游。虽然林禽林畜模式发展规模最大，但它所带来

的生态、经济、社会综合效益却远远低于林下种植。生态种植指以
林地（荫）资源为特别依托的植物／菌物栽培，当下已形成林药、
林菌、林果、林菜、林花、林粮、林油、林茶、林草和林苗等 10
个模式，其中林药、林菌模式受到更多关注。2015 年原国家林业局
发布《全国集体林地林药林菌发展实施方案（2015—2020 年）》，即
重点布局发展林药、林菌 70 个品种（林药品种 50 个、林菌品种 20
个），创建以示范基地建设为依托的发展模式，探索林药、林菌发
展长效机制；2021 年，国家林业和草原局在《关于开展第五批国
家林下经济示范基地认定工作的通知》中，提出"为推进林草中药
材高质量发展，鼓励支持林草中药材生态培育"；随后国家林业和
草原局印发《林草中药材生态种植通则》《林草中药材野生抚育通
则》《林草中药材仿野生栽培通则》3 个通则，指导和规范林草中
药材生态培育模式，保障林草中药材产业健康发展。林下中药材生
态种植在一系列利好政策推动下已进入快速发展阶段，但需要关注
一些"新提法"可能带来的概念内涵和外延的变化。如"林草中药
材"（表 1-2），不仅把涉及不同生态系统（森林、草原、荒漠、湿
地等）的中药材合并，范围还覆盖宜林荒山荒地荒滩、退耕还林地
等区域；林草中药材"生态培育"模式的提法，包含了生态种植、
野生抚育和仿野生栽培等内容。

表 1-2　林草中药材区域布局

区域	主要中药材品种
大小兴安岭林区	人参、鹿茸、灵芝、五味子、北细辛、黄芪、龙胆草、赤芍、白鲜皮、防风、苍术、桔梗、苦参、刺五加等
长白山林区	人参、鹿茸、灵芝、五味子、北细辛、黄芪、龙胆草、赤芍、白鲜皮、防风、苍术、桔梗、苦参、刺五加、平贝母、关黄柏等

区域	主要中药材品种
三北防风固沙林草区	甘草、黄芪、肉苁蓉、锁阳、秦艽、枸杞子、板蓝根、雪菊、天山雪莲等
黄土高原水土保持林区	黄芪、党参、柴胡、远志、知母、黄芩、白术、桔梗、地黄、丹参、连翘、黄连、苦参等
黄淮海地区林区	菊花、白术、桔梗、丹参、黄精、黄芩、地黄、麦冬、金银花、连翘、山楂、枸杞子等
长江中下游地区林区	茯苓、天麻、石斛、金银花、杜仲、黄精、黄芩、地黄、麦冬、白术、桔梗、丹参、泽泻、半夏等
云贵川渝地区林草区	三七、黄连、川芎、当归、重楼、天麻、石斛、白术、桔梗、丹参、茯苓、黄精、黄芩、地黄、麦冬、金银花、连翘等
岭南地区林	槟榔、龙眼肉、荔枝核、肉桂、砂仁、巴戟天、白术、桔梗、丹参、黄精、黄芩、地黄、麦冬、金银花、连翘等
青藏高原林草区	红景天、雪莲花、藏红花、藏茵陈、藏木香、藏菖蒲、藏党参、藏黄芪、藏当归、藏贝母、藏大黄、藏黄连、藏黄芩、藏丹参等

引自：国家林业和草原局（林规发〔2022〕14号）《林草产业发展规划（2021—2025年)》。

林下中药材生态种植具有许多优势。对《中华人民共和国药典》2015年版收载的药用植物和藻菌类中药材统计表明，自然情况下42.53%药用植物和藻菌类中药材自然生境为林缘或林下，43.78%自然生境在路旁、山坡地、荒地或沙地。这提示在自然条件下，林草中药材是中药材最重要来源，目前常见林草中药材生态模式主要为林下生态种植。适宜的中药材通常在长期适应弱光环境中形成了独特的药性，市场需求稳定，如人参、三七、重楼、天麻、淫羊藿、黄精等。研究表明林下种植黄精综合品质较优，其浸出物、黄精多糖、总黄酮、总皂苷含量都比较高；适应性强，林分选择范围广；经济和生态效益突出。森林生态系统相比其他生态系统（湿地、草原、荒漠）而言，结构和功能更加复杂而稳定；再加上相当长时期内我国森林覆盖率还会进一步增加，林下生态种植模式发展空间更大。调查发现，除青藏高原区较少森林资源外，因地而异的林下中草药生态种植广泛分布于全国各地。多数贫困地区林地、草地等资源丰富，发展林草中药材生态种植具有得天独厚的优势，在脱贫致富和乡村振兴方面正发挥重要作用。全国约53%的贫困县具有发展中药材产业的条件。根据农业农村部数据显示，2019年贫困地区中药材种植规模超过1,400,000公顷，年产值近700亿元，较2015年分别增长了74.53%和91.40%，共带动200多万贫困人口增收。

四、林下经济的未来前景

我国林下经济产业存在发展困境，主要表现在五个方面。第一，三产融合不够，产业链条短。一、二、三产业基地和企业多为以单一产业为主，产业链短，缺少三产齐全的基地和企业。多以销售初级产品为主，深加工率低，产品附加值不高。第二，市场化水平低，品牌建设弱。缺乏专业的行业协会，多数经营者缺乏市场意识和品牌意识，市场信息不灵通，在种养品种选择上存在盲目性，缺乏主导产品。标准化建设、品牌化建设和产品宣传力度不足。第三，科技支撑不足，产业效益低。林产品开发利用科技水平较低，种植养殖多沿用传统的养殖方式，对科学养殖技术掌握不够，致使饲养成本高、效益差。第四，发展资金短缺，产业规模小。林下经济一般前期投入较大，多数经营者缺乏启动资金，发展之初就受到限制，难以做大规模、拉长产业链条。表现为"小、散、弱"的局面。参与林下经济开发的规模较小，农户总数不多，管理水平偏低，产值总量偏小，没有形成规模效应。第五，基础设施条件滞后，普遍存在水、电、路、通信等基础设施不配套的问题，制约了林下经济加快发展。

"林下经济"将是未来一段时间解决生态保护与经济发展、经济发展与土地紧张等矛盾的有效途径，是脱贫攻坚和乡村振兴的有效支撑，更是我国全面增强经济发展内生动力的举措之一。强化科技支撑和科技创新引领，是发展林下经济的重要一环。

参考文献

[1] 赵浩君. 林下经济产业现状及发展重点 [J]. 中国林副特产, 2021（05）: 99-100.

[2] 秦宇龙. 国家林业和草原局规范林草中药材生态培育模式 [J]. 中医药管理杂志, 2021, 29（14）: 69.

[3] 任秀峰, 邱兰. 林下经济对林业总产值的影响效应研究 [J]. 西南林业大学学报（社会科学）, 2021, 5（04）: 51-56.

[4] 杨利民. 中药材生态种植理论与技术前沿 [J]. 吉林农业大学学报, 2020, 42（04）: 355-363.

[5] 段晓宇. 发展林下经济对生态经济的影响研究 [D]. 北京: 北京林业大学, 2020.

[6] 康传志, 吕朝耕, 黄璐琦, 等. 基于区域分布的常见中药材生态种植模式 [J]. 中国中药杂志, 2020, 45（09）: 1982-1989.

[7] 康传志, 王升, 黄璐琦, 等. 中药材生态种植模式及技术的评估 [J]. 中国现代中药, 2018, 20（10）: 1189-1194.

[8] 于群. 中国林下经济产出时空格局特征研究 [D]. 北京: 北京林业大学, 2018.

[9] 郭兰萍, 王铁霖, 杨婉珍, 等. 生态农业——中药农业的

必由之路 [J]. 中国中药杂志, 2017, 42（02）: 231-238.

[10] 苗雨露, 周杨, 杨春宁, 等. 我国林下经济的发展现状及建议 [J]. 森林工程, 2015, 31（05）: 35-39.

[11] 郭兰萍, 周良云, 莫歌, 等. 中药生态农业——中药材GAP 的未来 [J]. 中国中药杂志, 2015, 40（17）: 3360-3366.

[12]《全国集体林地林下经济发展规划纲要（2014—2020 年）》实施努力实现林下经济产值和农民收入双增 [J]. 国土绿化, 2015,（02）: 5.

[13] 曹玉昆, 雷礼纲, 张瑾瑾. 我国林下经济集约经营现状及建议 [J]. 世界林业研究, 2014, 27（06）: 60-64.

[14] 彭斌. 集体林改背景下的广西林下经济发展模式研究 [D]. 北京: 北京林业大学, 2014.

[15] 郭兰萍, 张燕, 朱寿东, 等. 中药材规范化生产（GAP）10 年: 成果、问题与建议 [J]. 中国中药杂志, 2014, 39（07）: 1143-1151.

[16] 黄世恒. 林下种植——林阴下的生态种植模式 [J]. 农村新技术, 2014,（02）: 4-6.

[17] 胡佳. 我国林下经济发展现状及影响因素分析 [D]. 长沙: 中南林业科技大学, 2013.

[18] 丁国龙, 谭著明, 申爱荣. 林下经济的主要模式及优劣分析 [J]. 湖南林业科技, 2013, 40（02）: 52-55.

[19] 另青艳, 何亮, 周志翔, 等. 林下经济模式及其产业发展对策 [J]. 湖北林业科技, 2013,（01）: 38-43.

[20] 翟明普. 关于林下经济若干问题的思考 [J]. 林产工业, 2011, 38（03）: 47-49, 52.

[21] 顾晓君, 曹黎明, 叶正文, 等. 林下经济模式研究及其产业发展对策 [J]. 上海农业学报, 2008,（03）: 21-24.

第二章

海南林下南药种植
概况及主要模式

第一节 南药的概念及海南主要南药品种

一、南药的概念

"南药"二字最早见于清代《广东新语》，言："戒在任官吏私市南药。"但在先秦时期的《黄帝内经》中就有石斛、巴戟天等南药资源的记载，由此表明，我国南药的使用历史至少已有两千多年了。

一般认为，南药是指原产于南方的药材。南药的概念有狭义和广义之分。狭义的南药指传统南药，是原产或主产在热带地区的中药材，包括主产在我国热带地区的国产南药和从非洲、亚洲、南美洲等的热带地区进口的传统南药。广义的南药是指原产或主产在热带地区的中药材，以及广东、广西、海南等地的道地药材和特有习用药材。

改革开放以来，我国和"亚非拉"国家在经济、政治和文化等方面的交流日益频繁，为了南药产业的发展和兴旺，又产生了大南药的概念，并形成了大南药战略联盟。大南药是指在国家原有对南药资源重视的基础上，以更广阔的视野，将岭南、东南亚及非洲等地的一些药用植物资源都纳入，力求通过对药材资源的科学合理开发，形成从中药材种植到中药科研、生产、销售及临床应用等一系列具有先进水平的传统医药发展体系，最终推动中医事业的整体可持续发展。

二、海南主要南药品种

我国的南药资源近 3,800 种，其中植物类 3,500 多种，动物类 200 多种，矿物类 30 多种。主要分布在北纬 25° 以南的华南亚热带、热带区，包括海南省、台湾省、南海诸岛、福建省南部、广东省南部、广西壮族自治区南部及云南省南部。常见的南药种类有泽泻、穿心莲、陈皮、海金沙、巴戟天、砂仁、广藿香、高良姜、三七、肉桂、金银花、石斛、槟榔、胡椒、益智、草豆蔻、珍珠、鸡血藤、樟脑、沉香、丁香、胖大海和血竭等，其中槟榔、益智、砂仁和巴戟天被称为我国"四大南药"。

海南省是全国唯一的热带岛屿省份。受热带季风影响，海南岛年平均气温在 23 ~ 25℃，气候温和，终年无霜雪。海南岛雨量充沛，大部分地区年降水量为 1,500 ~ 2,000mm，东部、中部则可达到 2,000 ~ 2,800mm，适合动植物资源的繁殖和生长，最高海拔为五指山主峰（海拔 1,867m），是中国最大的"热带宝地"。

海南南药资源丰富，素有"天然药库"之称。药用植物有 3,100 多种，占我国现有药用植物种类近 1/3，位居全国前列。其中载入《全国中草药汇编》的有 1,100 多种，收载于《中国药典》的有 135 种，常用中药材 250 余种，本地独有南药 40 余种。海南常见植物类药材有益智、砂仁、槟榔、巴戟天、胡椒、广藿香、高良姜、草豆蔻、牛大力、苍耳子、百部、沉香、红血藤、草决明、蔓荆子、长春花等（表 2-1）。海南动物药材和海产药材资源也极为丰富，较为著名的有鹿茸、猴膏、牛黄、穿山甲、玳瑁、海龙、海马、海蛇、珍珠、海参、珊瑚、蛤壳、牡蛎、石决明、鱼翅和海龟板等近 50 种。

表 2-1 海南部分常见植物类药材特性及分布区域

植物名	药材名	拉丁名	科名	植物学特征	药用功能	主要分布区域
槟榔	槟榔、焦槟榔、大腹皮、大腹毛	*Areca catechu* L.	棕榈科	植株直立，乔木状，高 10～20m，有明显的环状叶痕。叶簇生于茎顶，羽片多数。雌雄同株，雄蕊 6 枚，花丝短，退化雌蕊 3 枚。果实长圆形或卵球形，橙黄色，中果皮厚，纤维质。种子卵形，基部截平，胚乳嚼烂状，胚基生。花果期 5～10 月	杀虫，消积，行气，利水，截疟。用于绦虫病、蛔虫病、姜片虫病，虫积腹痛，积滞泻痢，里急后重，水肿脚气，疟疾	东方、乐东、海口、琼迈、澄迈、陵水、万宁、儋州、白沙、定安、琼中、屯昌、文昌
肉桂	桂枝	*Cinnamomum cassia* Presl.	樟科	中等大乔木，树皮灰褐色。叶互生或近对生，长椭圆形至近披针形，革质，有光泽。圆锥花序腋生或近顶生，花白色。果实椭圆形，成熟时黑紫色。花期 6～8 月，果期 10～12 月	补火助阳，引火归原，散寒止痛，温通经脉。用于阳痿宫冷，腰膝冷痛，肾虚作喘，虚阳上浮，眩晕目赤，心腹冷痛，虚寒吐泻，寒疝腹痛，痛经经闭	儋州、屯昌

续表

植物名	药材名	拉丁名	科名	植物学特征	药用功能	主要分布区域
檀香	檀香、檀香泥、檀香油	Santalum album L.	檀香科	常绿小乔木，高约10m。叶椭圆状卵形，膜质。三歧聚伞式圆锥花序腋生或顶生。花被管钟状，淡绿色。雄蕊4枚，花柱深红色。核果外果皮肉质多汁，成熟时深紫红色至紫黑色，花被残痕直径5～6mm，宿存花柱基多少隆起，内果皮具纵棱3～4条。花期7～9月，果期5～6月	行气温中，开胃止痛。用于寒凝气滞，胸膈不舒，胸痹心痛，脘腹疼痛，呕吐食少	万宁、儋州、屯昌
沉香	沉香	Aquilaria malaccensis Lam.	瑞香科	常绿乔木，高5～15m。叶革质，圆形、椭圆形至长圆形，花芳香，黄绿色，多朵，组成伞形花序。雄蕊10，排成一轮。蒴子房卵形，密被白色毛。果果梗短，幼时绿色，密被黄色短柔毛，2瓣裂，2室，每室具有1种子，种子褐色，卵球形。花期春夏，果期夏秋	行气止痛，温中止呕，纳气平喘。用于胸腹胀闷疼痛，胃寒呕吐呃逆，肾虚气逆喘急	澄迈、临高、白沙、琼中、屯昌

续表

植物名	药材名	拉丁名	科名	植物学特征	药用功能	主要分布区域
巴戟天	巴戟天	*Morinda officinalis* How	茜草科	多年生藤本。叶薄或稍厚，纸质，长圆形、卵状长圆形或倒卵状长圆形，头状花序具花4～10朵，排列于枝顶，花冠白色。雄蕊与花冠裂片同数，着生于裂片侧基部，花丝极短。聚花核果，核果具分核，内面具种子1，果柄极短，种子熟时黑色，略呈三棱形，无毛。花期5～7月，果熟期10～11月	补肾阳，强筋骨，祛风湿。用于阳痿遗精，宫冷不孕，月经不调，少腹冷痛，风湿痹痛，筋骨痿软	琼海、东方、乐东、琼中、保亭
草豆蔻	草豆蔻	*Alpinia katsumadai* Hayata	姜科	灌木，株高达3m。叶片线状披针形，直立。总状花序顶生，花序轴淡绿色，被粗毛。花冠管长约8mm，花冠裂片边缘稍内卷，具缘毛。果球形，直径约3cm，熟时金黄色。花期4～6月；果期5～8月	燥湿行气，温中止呕。用于寒湿内阻，脘腹胀满冷痛，嗳气呕逆，不思饮食	昌江、东方、乐东、海口、临高、澄迈、琼海、陵水、万宁、琼中、儋州、白沙、三亚、保亭、五指山、定安、屯昌、文昌

续表

植物名	药材名	拉丁名	科名	植物学特征	药用功能	主要分布区域
单叶蔓荆	蔓荆子	*Vitex trifolia L. var. simplicifolia* Cham.	马鞭草科	落叶灌木，罕为小乔木，高1.5～5m，有香味。单叶对生，叶片倒卵形或近圆形。圆锥花序顶生，花序梗密被灰白色绒毛。花冠淡紫色或蓝紫色，顶端5裂，二唇形。雄蕊4，伸出花冠外。子房无毛，密生腺点。果核果近圆形，成熟时黑色，花萼宿存，外被灰白色茸毛。花期7～8月，果期8～10月	疏散风热，清利头目。用于风热感冒头痛，齿龈肿痛，目赤痛，目泪，目暗不明，头晕目眩	乐东、澄迈、临高、琼海、万宁、三亚、文昌
密花石斛	密花石斛	*Dendrobium densiflorum* Lindl.	兰科	茎粗壮，通常呈棒状或纺锤形，长25～40cm。叶常3～4枚，近顶生，革质，长圆状披针形。总状花序从去年或2年生具叶的茎上端发出，下垂，密生许多花。花梗和子房白绿色，萼片和花瓣浅黄色。花期4～5月	益胃生津，滋阴清热。用于热病津伤，口干烦渴，胃阴不足，食少干呕，病后虚热不退，阴虚火旺，骨蒸劳热，目暗不明，筋骨痿软	昌江、乐东、万宁、东方、白沙、琼中

续表

植物名	药材名	拉丁名	科名	植物学特征	药用功能	主要分布区域
艾纳香	艾片	*Blumea balsamifera* (L.) DC.	菊科	多年生草本或亚灌木。茎粗壮，直立，高1～3m。下部叶宽椭圆形或长圆状披针形，上部叶长圆状披针形或卵状披针形。头状花序多数，花黄色，花冠细管状。瘦果圆柱形，被密柔毛。花期几乎全年	祛风除湿，温中止泻，活血解毒。主治风寒感冒，头风头痛，风湿痹痛，寒湿泻痢，寸白虫病；毒蛇咬伤，跌打伤痛，癣疮	万宁、昌江、琼中、三亚、定安、五指山、屯昌、文昌
海南草珊瑚	山羊耳	*Sarcandra hainanensis* (Pei) Swamy et Bailey	金粟兰科	常绿半灌木，高1～1.5m；茎直立，无毛。叶纸质，椭圆形、宽椭圆形至长圆形。穗状花序顶生，分枝少，对生，多少成圆锥花序状。雄蕊1枚，药隔背腹压扁成卵圆形。子房卵形，无花柱，柱头具小点。核果红色，幼时绿色，熟时橙红色。花期10月至翌年5月，果期3～8月	消肿止痛，通利关节，外用接骨	昌江、乐东、万宁、琼中、陵水、白沙、保亭、三亚、五指山

续表

植物名	药材名	拉丁名	科名	植物学特征	药用功能	主要分布区域
胖大海	胖大海	*Sterculia lychnophora* Hance	梧桐科	落叶大乔木。树皮粗糙而略具条纹。单叶互生,叶片革质,卵形或椭圆状披针形。圆锥花序顶生或腋生,花杂性同株,雄蕊 10～15,雌蕊 1。蓇葖果 1～5 个着生于果梗,呈船形,成熟前开裂,内含 1 颗种子。种子棱形或倒卵形,深黑褐色,表面具皱纹,种脐位于腹面的下方而显歪斜	清热润肺,利咽开音,润肠通便。用于肺热声哑,干咳无痰,咽喉干痛,热结便秘,头痛目赤	万宁、屯昌
高良姜	高良姜	*Alpinia officinarum* Hance	姜科	多年生草本,株高 40～110cm,根茎延长,圆柱形。叶片线形。总状花序顶生,花冠白色而有红色条纹,子房密被绒毛。蒴果球形,直径约 1cm,熟时红色。花期 3～9 月;果期 4～11 月	温胃止呕,散寒止痛。用于脘腹冷痛,胃寒呕吐,嗳气吞酸	昌江、东方、琼海、万宁、白沙、儋州、定安、屯昌、文昌

续表

植物名	药材名	拉丁名	科名	植物学特征	药用功能	主要分布区域
海南砂仁	砂仁	*Amomum longiligulare* T. L. Wu	姜科	多年生草本，株高1.2～2.6m，具匍匐根茎。叶片线形或线状披针形。总花梗被被宿存鳞片。花冠白色，顶端具突出，二裂的黄色小尖头，中脉隆起，紫色。蒴果卵圆形，具钝三棱，被片状，分裂短柔刺；种子紫褐色，被淡棕色，膜质假种皮。花期4～6月；果期6～9月	化湿开胃，温脾止泻，理气安胎。用于湿浊中阻，脘痞不饥、脾胃虚寒，呕吐泄泻，妊娠恶阻，胎动不安	昌江、陵水、万宁、儋州、保亭、三亚、屯昌、文昌
山柰	山柰	*Kaempferia galanga* L.	姜科	多年生宿根草本植物。根茎块状，单生或数枚连接，淡绿色或绿白色，芳香。叶通常2片贴近地面生长，几乎无柄。花穗状花序，半藏于叶鞘中。花白色，有香味，易凋谢。果为为蒴果。花期8～9月	温中化湿，行气止痛。用于胸腹冷痛，寒湿吐泻，胃寒疼痛，牙痛，跌打肿痛等	琼中、屯昌、文昌

续表

植物名	药材名	拉丁名	科名	植物学特征	药用功能	主要分布区域
益智	益智	Alpinia oxyphylla Miq.	姜科	多年生草本，株高1～3m，茎丛生。叶片披针形。总状花序，花萼筒状，花冠裂片长圆形，白色。蒴果时鲜时球形，干时纺锤形，被短柔毛，果皮上有隆起的维管束线条，顶端有花萼管的残迹。种子不规则则扁圆形，被淡黄色假种皮。花期3～5月；果期4～9月	暖肾固精缩尿，温脾止泻摄唾。用于肾虚遗尿，小便频数，遗精白浊，脾寒泄泻，腹中冷痛，口多唾涎。还具有抗肿瘤、提高学习记忆力、抗衰老、提高免疫力、镇静和镇痛等作用	昌江、乐东、陵水、琼海、万宁、白沙、儋州、琼中、保亭、三亚、五指山、定安、屯昌、文昌
长春花	长春花	Catharanthus roseus (L.) G. Don	夹竹桃科	半灌木，有分枝，高达60cm，有水液，全株无毛或仅有微毛。叶膜质，倒卵状长圆形。聚伞花序腋生或顶生，有花2～3朵。花冠红色，花冠筒圆筒状。雄蕊着生于花冠筒的上半部，但花药隐藏于花喉之内，与柱头离生。菁葖双生，直立，平行或略叉开。种子黑色，长圆状圆筒形，两端截形，具有颗粒状小瘤。花期、果期几乎全年	凉血降压，镇静安神。用于高血压，火烫伤，恶性淋巴瘤、绒毛膜上皮癌、单核细胞性白血病	昌江、东方、澄迈、临高、琼海、万宁、三亚、白沙、定安、文昌

植物名	药材名	拉丁名	科名	植物学特征	药用功能	主要分布区域
胡椒	胡椒	*Piper nigrum* L.	胡椒科	木质攀缘藤本。叶厚、近革质，阔卵形至卵状长圆形，花杂性，通常雌雄同株。花序与叶对生，苞片匙状长圆形。浆果球形，无柄，成熟时红色，未成熟时干后变黑色。花期6～10月	温中散寒、下气、消痰。用于胃寒呕吐，腹痛泄泻，食欲不振，癫痫痰多	临高、琼海、儋州、定安、屯昌、文昌
谷精草	谷精草	*Eriocaulon buergerianum* Koern.	谷精草科	草本。叶线形，丛生，半透明。花葶多数，扭转，具4～5棱。总苞片倒卵形至近圆形，上半部黑色，下半部较硬，禾秆色。雄蕊6枚，花药黑色。雌花萼片合生，外侧开裂，顶端3浅裂。子房3室，花柱分枝3，短于花柱。种子矩圆状，表面具横格及T字形突起。花果期7～12月	疏散风热、明目退翳。用于风热目赤，肿痛羞明，眼生翳膜，风热头痛	昌江、乐东、琼海、万宁、儋州、琼中、三亚、五指山、定安、屯昌、文昌

续表

植物名	药材名	拉丁名	科名	植物学特征	药用功能	主要分布区域
红血藤	红血藤	Spatholobus sinensis Chun et T. Chen	豆科	攀缘藤本。幼枝紫褐色，疏被短柔毛，后变无毛。小叶革质，近同形，长圆状椭圆形。圆锥花序通常腋生，密被棕褐色糙伏毛，苞片和小苞片钻状。花瓣紫红色，旗瓣扁圆形，翼瓣倒卵状长圆形。荚果斜长圆形，被棕色长柔毛。花期6～7，果期翌年1月	具有补血、活血的功效。主治贫血，闭经、月经不调，筋骨疼痛	白沙、保亭、三亚
降香	降香	Dalbergia odorifera T. C. Chen	豆科	乔木，高10～15m。羽状复叶，近革质，卵形或椭圆形。圆锥花序腋生。花冠乳白色或淡黄色，各瓣近等长。雄蕊9。荚果舌状长圆形，果瓣单体，有种子1～2粒	化瘀止血，理气止痛。用于吐血，衄血，外伤出血，肝郁胁痛，胸痹刺痛，跌仆伤痛，呕吐腹痛	临高、白沙、儋州、东方、三亚、五指山

续表

植物名	药材名	拉丁名	科名	植物学特征	药用功能	主要分布区域
决明	决明子	*Cassia obtusifolia* L.	豆科	直立、粗壮，一年生亚灌木状草本，高 1～2m。小叶 3 对，膜质，倒卵形或倒卵状长椭圆形。花腋生，通常 2 朵聚生。花瓣黄色，能育雄蕊 7 枚。子房无柄，被白色柔毛。荚果纤细，近四棱形，两端渐尖，膜质。种子约 25 颗，菱形，光亮。花果期 8～11 月	清热明目，润肠通便。用于目赤涩痛，头痛眩晕，目暗不明，大便秘结	昌江、东方、乐东、澄迈、海口、临高、陵水、琼海、万宁、保亭、三亚、五指山、白沙、儋州、定安、屯昌
美丽崖豆藤	牛大力	*Millettia speciosa* Champ.	豆科	藤本，树皮褐色。羽状复叶。圆锥花序腋生，常聚集枝梢成带叶的大型花序。花大，有香气，花冠白色、黄色至淡红色。荚果线状，果瓣木质，开裂，有种子 4～6 粒，种子卵形。花期 7～10 月，果期翌年 1～2 月	补虚润肺，强筋活络。用于治疗腰肌劳损，风湿性关节炎，肺结核、慢性支气管炎、慢性肝炎与遗精等	琼海、万宁、保亭、三亚、定安、儋州、琼中、五指山、屯昌

续表

植物名	药材名	拉丁名	科名	植物学特征	药用功能	主要分布区域
广藿香	广藿香	Pogostemon cablin (Blanco) Benth.	唇形科	多年生芳香草本或半灌木。茎直立,四棱形,边缘具不规则的齿裂卵圆形,叶片圆形或宽卵圆形,边缘具不规则的齿裂。穗状花序顶生及腋生,密被长绒毛。花冠紫色。雄蕊外伸,具髯毛。花柱先端近相等2浅裂。子房上位,花盘环状;小坚果4,近球形或椭圆形	芳香化浊,和中止呕,发表解暑。用于湿浊中阻,脘痞呕吐,暑湿表证,湿温初起,发热倦怠,胸闷不舒,寒湿闭暑,腹痛吐泻,鼻渊头痛	临高,万宁
对叶百部	百部、大百部	Stemona tuberosa Lour.	百部科	多年生草本植物。块根肉质,成簇,常长圆状纺锤形。茎长达1m许,上部攀缘状,下部直立,常有少数分枝。叶薄革质,卵状披针形、卵形或宽卵形,花单生或数朵排成聚伞状花序。花被片淡绿色、披针形,雄蕊紫红色。蒴果卵形,赤褐色,常具2颗种子。种子椭圆形,稍扁平,深紫褐色,表面具纵槽纹,一端簇生多数淡黄色、膜质短棒状附属物。花期5~7月,果期7~10月	润肺下气止咳,杀虫灭虱。用于新久咳嗽、肺痨咳嗽、顿咳;外用于头虱、体虱、蛲虫病,阴痒。蜜百部润肺止咳	昌江、陵水、琼海、万宁、白沙、三亚、保亭、五指山、定安

第二节 海南林地类型

林地是指主要用于林业生产的地区或天然林区，包括郁闭度0.2以上的乔木林地及竹林地、疏林地、未成林造林地、灌木林地、采伐迹地、火烧迹地、苗圃地和县级以上人民政府规划的宜林地。林地是森林的载体，是森林物质生产和生态服务的源泉，是森林资源资产的重要组成部分。2019年，全国林地284,125,900公顷。其中，乔木林地197,351,600公顷，占林地总面积的69.46%；竹林地7,019,700公顷，占2.47%；灌木林地58,626,100公顷，占20.63%；其他林地21,128,400公顷，占7.44%。

海南是我国热带雨林和热带季雨林的原生地，具有得天独厚的自然条件和气候条件，植被生长速度快，种类繁多。海南有维管束植物共262个科，分为1,350多个属，共4,600余种，约占中国维管束植物总数的1/7。根据2023年中国统计年鉴分地区森林资源情况分析显示，海南现有林业用地面积2,175,000公顷，森林面积1,944,900公顷，其中人工林1,404,000公顷，森林覆盖率达57.36%，远高于全国平均水平的22.96%。

海南的森林植被主要有热带天然林和热带人工林两大类型。海南岛地势独特，中间高、东西低，处于中南部山区的五指山、琼中、乐东、白沙、保亭，以天然林为主，人工林为辅；东西部儋州、文昌、澄迈、琼海、万宁以平地为主，主要是以桉树、橡胶树、椰子树和槟榔等为主的人工林。

1. 橡胶林

橡胶（*Hevea brasiliensis* Mull. Arg.），亦称巴西橡胶，是大戟科

橡胶树属植物。作为唯一商业种植的产胶作物，其战略地位尤为重要。橡胶树原产于巴西，主产区也是巴西，其次是秘鲁、哥伦比亚和厄瓜多尔等地，现广泛栽培于亚洲热带地区。橡胶在我国海南、云南、广东等华南省区被广泛种植，其生态作用对华南地区的生态系统有显著影响。我国现种植面积超过 1,000,000 公顷，年产量橡胶约 897,300 吨。海南是中国最重要的天然橡胶生产基地，2022 年种植面积达 518,590 公顷，其中投产面积 396,032 公顷，总产量 314,884 吨。海南的橡胶种植主产区在中西部，儋州种植面积最大，2022 年为 100,206 公顷，其中开割面积 70,930 公顷。其次为白沙、琼中及澄迈，这 3 个橡胶主产区的橡胶种植面积均超过 49,000 公顷，橡胶产量占全省总产量的 32% 左右。

2. 槟榔林

海南是我国槟榔的主产区，具有 2,000 多年的栽培历史，其产量占全国的 95% 以上。根据海南省统计年鉴公布数据，2022 年海南全省槟榔种植面积 181,654 公顷，收获面积 99,447 公顷，总产量 294,831 吨，主要分布于海南省东部、中部和南部市县。其中种植面积 10,000 公顷以上的有海口、万宁、琼海、屯昌、琼中、定安、保亭和乐东 8 个市县，种植面积共计 136,115 公顷，产量共计 21.08 万吨，分别占全省槟榔种植面积和产量的 74.93%、71.51%。多年来，海南省重视槟榔产业的发展，在研究与种植方面的投入不断增加。目前，海南槟榔单产较高，平均每公顷产量超过 1.6 吨。随着槟榔新增投产面积增多，生产技术和管理水平提高，海南槟榔产业将有更大的发展前景。

3. 椰子林

椰子（*Cocos nucifera* L.）为棕榈科单子叶多年生常绿乔木，原产于印度尼西亚至太平洋群岛和亚洲东南部，主要分布在赤道两侧 20° 之内的亚洲、非洲和拉丁美洲等热带滨海地区。海南省是我国椰子主产区，全国 99% 的椰子种植在海南，2022 年海南椰子面积为 37,900 公顷，收获面积 27,793 公顷，总产量 22,316 万个。椰果年产量超过 1,000 万个的市县有琼海、文昌和万宁等地，以文昌市的椰子种植面积最大、产量最多，主推品种有文椰 2 号、文椰 3 号、文椰 4 号等。海南全年无霜冻，日照充足，椰子品种资源丰富，经过多年的发展，已成科学研究、种植、加工、销售等为一体的产业链，产业特色和市场优势明显。加工业和种植业发展不协调，椰果的年产量无法满足加工业需求，近 90% 的椰子靠进口。椰子树栽培管理粗放，规模化种植园较少，附加值高的椰子深加工产品研发和投入力度远不足。

4. 桉树林

桉树（*Eucalyptus robusta* Smith）为桃金娘科桉属大乔木，原产澳大利亚，在中国福建、雷州半岛、云贵和四川等地有一定数量的分布。桉树木材红色，纹理扭曲，不易加工，耐腐性较高。桉树纤维的平均长度 0.75 ～ 1.30mm，其色泽、密度和抽出物的比率都适于制浆，常用于生产牛皮纸和打印纸。叶供药用，有祛风镇痛功效。桉树是我国三大优良速生树种之一，其生长快、适应性强、用途广泛。我国桉树主要分布华南地区，其人工林面积达 5,467,400 公顷。海南是我国桉树的主要种植区之一，现有栽培面积 129,000 公顷，主要用于生产纸浆。由于桉树种植以纯林为主，所以桉树林生态稳定性相对较弱，生态问题严重，不利于桉树林的可持续发展。

5. 胡椒林

胡椒是世界上使用最广泛的香料作物，被誉为"香料之王"，已成为日常饮食不可或缺的调味品，具有抗炎、驱寒、镇痛、抑菌等活性，广泛应用于食品和医药行业，其经济价值高、开发潜力大。胡椒遍及亚洲、非洲、拉丁美洲 40 多个国家和地区，种植面积 640,000 公顷，年总产量 460,000 吨，年原料贸易额达 25 亿美元。我国胡椒种植面积 24,700 公顷，年总产量 40,000 吨，年产值 30 多亿元，居世界第 5 位。2022 年海南省胡椒种植面积 19,990 公顷，总产量 36,504 吨，但胡椒种植面积和产量自 2018 年以来一直处于下降的趋势。胡椒为多年生作物，长期种植易发生连作障碍，目前已成为世界主产国面临的主要问题。我国胡椒产地相对集中、集约化程度高，连作障碍问题更加突出，危害程度更大。

6. 其他林

海南省位于我国南端，其独特的气候条件和地理位置而成为我国水果之乡。特别是热带水果拥有较大种植面积和较高产量，是海南省具有竞争优势的农产品，也是海南省农产品出口业的重要组成部分。海南水果种类繁多，常见的有香蕉、杧果、荔枝、菠萝、龙眼、莲雾、菠萝蜜和柑橘等。2018 年，海南园林水果种植面积 170,700 公顷，产量 3,221,200 吨。其中杧果、香蕉、荔枝、菠萝、菠萝蜜、柑橘、龙眼种植面积较大，分别为 52,100 公顷、34,800 公顷、18,400 公顷、13,500 公顷、10,000 公顷、7,300 公顷和 7,200 公顷。

第三节　海南林下南药种植模式

随着人口数量的增长和经济的发展，土地资源在当今社会尤为珍贵，为了科学地利用土地，人们需要在保护现有林地资源的基础上，探索出能够高效利用森林资源的方法。林下经济就是一种符合可持续发展理念的优良资源利用模式。

一、林下经济和林下种植

林下经济是指充分利用林下土地资源和林荫优势，借助林地的生态环境，从事林下种植、养殖等立体复合生产经营，从而使农、林、牧各业实现资源共享、优势互补、循环相生、协调发展的生态农业模式，以取得较好的经济效益，并构建稳定的生态系统，达到林地生物多样性。近年来，发展林下经济已经成为进一步拓宽林业经济领域、促进农民增收的新型生态产业，对于调整农村产业结构，促进林、种、畜、牧业的协调发展，取得良好的生态、经济和社会效益具有十分重要的意义。林下经济主要包括林下种植业、林下养殖业、采集业和森林旅游业，林下种植业是其关键组成部分。

林下种植是指利用现有森林资源的林下空间，种植株高较低，适应弱光环境的植物，从而充分利用森林资源的种植模式。林下种植主要包括林－粮型（林下种植小麦、甘薯等粮食作物），林－油型（林下种植大豆、花生等油料作物）、林－菜型（林下种植菠菜、甘蓝等蔬菜）、林－药型（林下种植益智、金银花等中药材）、林－菌型（林下发展食用菌）、林－苗型（林下种植园林苗木）等多种模式，其中以林下种植经济价值高的中药材的林－药型模式为首选。发展林－药种植模式，不仅符合我国林业生态的可持续发展方针，也对促进社会经济具有重要意义。

林下种植中药材可通过调节林地小气候、改善林地土壤水肥促进林木生长。相比于纯林，林－药种植模式可提高林分郁闭度，从而使林内的光照强度、气温和地温相应降低，地表水分蒸发减少，空气湿度提高，雨水对林下地表的冲刷减轻，有效防止了林地水肥的流失，为树木生长营造适宜的环境。除此之外，发展林－药型种植模式，还能在森林资源保护和增加生物多样性方面发挥很大的潜能。通过林下间/套种中药材，既可促进林木保育，增加林业资源利用率，又可增加经济效益。

发展林－药型种植模式可以根据现有林地资源的具体情况，如林木种植年限、树高、茂密程度等，综合评估林下种植的中药材可接受的光照程度、空气湿度、土壤肥力等因素，选择合适林－药种植品种。此外，还可通过代谢组、转录组等新兴组学技术，研究关键基因与差异代谢物、代谢通路之间的关联，提供优化林－药型种植模式的措施。通过发展林下种植中药材，可以改善森林的环境与生长情况，增加作物产量，保护森林、土地资源，以实现林业的可持续发展。

二、林下中药材种植模式

林下种植中药材主要有林间套种和林下套种两种模式。

林间套种是指针对不同的立地条件，选择合适的中药材种类在经济树种行间（树木行间距较大或是处于幼树抚育期，树体小，树冠尚未郁闭，有较多的太阳直射光可供利用）种植的模式，实现立体多层次发展。林间套种不仅可以提高生态效益，还可以提高林地的利用效率，进而增加林业的产出和林农的收入。如在幼龄橡胶林下间作肉桂、黄柏、胡椒等药用植物。

林下套种是指在树冠已经郁闭（主要利用林下散射光）的林下栽培中药材，可以形成一种立体化的经营模式，不仅对森林的生物多样性有保护作用，还有保护森林药材资源、增大森林药材蕴藏量的作用。比如在成龄橡胶林下套种巴戟天、砂仁等中药材。

三、海南林下南药常见种植模式

目前，海南连片种植且具较大规模的经济林复合栽培面积（包括林下水果、南药、木薯、菌类等种植模式）近30,000公顷，还不到经济林总面积的5%，其中，经济林以橡胶、槟榔与椰子林下种植为主。橡胶、槟榔和椰子等均属于高大乔木，单一种植造成林地、光照、土壤等自然资源利用率低，而发展林下南药复合栽培则能很好地利用林下空间资源，增加经济效益。海南常见的林下南药复合种植如下：

1. 橡胶林下南药种植

适于橡胶林下种植的南药种类有：益智、海南砂仁、葛根、千斤拔、金钱草、广藿香、胡椒、高良姜、石斛、五指毛桃、何首乌、莪术、牛大力、灵芝、鸦胆子、穿心莲、长春花、槟榔、地胆草等。

2. 槟榔林下南药种植

常见槟榔林下种植的南药种类有：胡椒、益智、海南砂仁、灵芝、石斛、蒌叶、何首乌、豆蔻、牛大力等。

3. 椰子林下南药种植

常见椰子林下种植的南药种类有：益智、海南砂仁、何首乌、胡椒、牛大力等。

4. 其他林下南药种植

常见其他林下南药栽培模式有：桉树－益智复合经营模式，桉树－海南砂仁栽培模式、桉树林下灵芝仿野生栽培，沉香林下灵芝栽培模式、龙眼树干上栽培石斛、荔枝树下种植金线莲等。

参考文献

［1］胡荣锁，杨劲松，徐飞 . 海南南药的概况及对策［J］. 河北农业科学，2008，12（10）：63-65.

［2］陈伟平 . 海南省南药资源概况［J］. 热带林业，2004，32（3）：8-11.

［3］王业桥，杨本鹏 . 海南药用植物资源及其保护与利用［J］. 中国野生植物资源，2006，25（5）：21-24.

［4］裴盛基，张宇 . 南药文化［M］. 上海：上海科学技术出版社，2020.

［5］吴友根，胡新文 . 南药植物规范化栽培研究与实例［M］. 北京：中国林业出版社，2014.

［6］中国科学院中国植物志编辑委员会 . 中国植物志［M］. 第1-80卷，北京：科学出版社，2004.

［7］潘超美，杨全 . 新编中国药材学（第六卷）［M］. 北京：中国医药科技出版社，2020.

［8］戴卫强 . 关于海南森林火灾处置能力建设的思考［J］. 今日消防，2021，6（02）：51-52.

［9］邓须军，岳上植 . 基于效益协调的海南森林资源结构优化研究［J］. 生态经济，2017，33（01）：88-91.

［10］李意德，杨众养，陈德祥，等著 . 海南生态公益林生态服务功能价值评估研究［M］. 北京：中国林业出版社，2019.

［11］刘锐金，黄华孙 . "十四五"时期推动天然橡胶产业健康发展的思考［J］. 中国热带农业，2021（04）：5-12.

［12］钟勇 . 海南橡胶种植业发展前景分析［J］. 热带农业科学，2016，36（08）：69-75.

［13］卢琨，徐磊磊，金琰，等 . 国外橡胶补贴政策对海南天

然橡胶产业发展的启示［J］. 福建农业科技, 2017（04）: 61–65.

　　［14］晏小霞, 刘立云, 王清隆, 等. 海南槟榔适宜种植区域调查研究［J］. 中国热带农业, 2021（02）: 33–40.

　　［15］卢琨, 侯媛媛. 海南省椰子产业分析与发展路径研究［J］. 广东农业科学, 2020, 47（06）: 145–151.

　　［16］张沛健, 徐建民, 卢万鸿, 等. 基于生长过程的海南桉树纸浆林土壤理化性质和植物多样性分析［J］. 中南林业科技大学学报, 2021, 41（05）: 82–92.

　　［17］张放. 2018 年我国主要水果生产统计简析［J］. 中国果业信息, 2020, 37（07）: 32–43.

　　［18］汪汇源, 邹华芬, 汪春, 等. 基于物联网技术的海南热带水果动态定价研究［J］. 江苏农业科学, 2021, 49（02）: 223–228.

　　［19］苏兰茜, 白亭玉, 吴刚, 等. 菠萝蜜栽培研究现状及发展趋势［J］. 热带农业科学, 2019, 39（01）: 10–15, 41.

　　［20］张军. 海南农垦胡椒产业发展情况［J］. 中国热带农业, 2021（02）: 24–27.

　　［21］邓静飞, 汪秀华. 海南天然橡胶林下经济发展模式及对策研究［J］. 中国热带农业, 2013（05）: 28–31.

　　［22］梁嘉瑜, 梁语, 马姜明. 林 – 药种植模式研究进展［J/OL］. 广西师范大学学报（自然科学版）: 1–12［2021–09–25］.

　　［23］吴德峰, 梁一池, 徐家雄. 南方林下药用植物栽培［M］. 福州: 福建科学技术出版社, 2020.

　　［24］王辉, 王灿, 杨建峰, 等. 海南主要热带经济林复合栽培发展现状与构建［J］. 中国热带农业, 2016（06）: 8–14.

　　［25］袁媛, 孟磊, 庞玉新, 等. 3 种南药 – 橡胶立体复合种植模式对胶林土壤理化性质的影响［J］. 中国农学通报, 2017, 33（30）: 91–96.

［26］黎青松，傅国华. 海南橡胶林间种模式及发展建议［J］.中国热带农业，2013（04）: 25-26.

［27］韩豫，陈培，陈彧. 海南林下种植何首乌前景展望［J］.林业科技通讯，2021（05）: 66-68.

第三章

海南橡胶林下
南药种植模式

第一节　海南橡胶林下南药种植的生态基础

一、橡胶树生物学特性

常说的橡胶树，一般指巴西橡胶树（*Hevea brasiliensis* Muell. Arg.），为大戟科橡胶树属多年生高大乔木，相对于世界上其他产胶植物，巴西橡胶因具有产量高、质量好、经济寿命长、采胶容易、胶乳再生快等优点，发展为世界上种植规模最大、产业链最完整的产胶树种。巴西橡胶树原产巴西亚马孙河流域，喜高温、多湿、降雨充沛且分布均匀、微风的气候环境。

据研究，26 ～ 28℃最适于橡胶树的生长，25 ～ 30℃最适于光合作用；温度大于 30℃时，净光合作用会因呼吸作用的增强而降低，橡胶树生长受到不良影响；温度到达 38℃时，呼吸作用超过光合作用，生长受到抑制；当气温低于 25℃，生长缓慢；低于 20℃时，生长减慢；低于 15℃时，生长基本停止；低于 10℃时幼嫩组织受害；低于 5℃出现枝枯、茎枯、树皮剥落等寒害症状；低于 0℃时，胶树严重受害，甚至死亡。在我国主要植胶区，3 月中旬至 11 月中旬均适于橡胶树生长；4 ～ 11 月为割胶期，一般产胶高峰期在 4 ～ 5 月和 9 ～ 11 月，这两个时期的凌晨割胶温度大都在 25 ～ 27℃，最适于橡胶粒子的生物合成。

橡胶树适应的年降水量在 1, 200 ～ 2, 500mm。我国海南植胶区的年平均降水量为 1, 500 ～ 2, 000mm，比较适合橡胶树对水分的需求。云南西双版纳地区年降水量在 1, 200mm 左右，该植胶区的土壤肥沃，保水力强，加上雾日较多，也较适合橡胶树的生长和产胶。此外，我国橡胶种植区地处热带北缘，冬季有低温，旱季雨季分明，且旱季与低温季节基本同步，这导致我国种植的橡胶树尤其是成龄割胶树会在冬春交替时期落叶，再重新萌芽抽叶，这种生物学特性也降低了橡胶树在旱季对水分的需求。

在原产地亚马孙原始热带雨林中，幼龄期橡胶树在雨林的下层生长，忍受荫蔽的能力较强，一旦长出林冠，就成为上层树种，阳光充足，合成的生物量迅速增加，茎围增粗，产胶量上升。人工栽培条件下，新植橡胶林一般前 4 年树体之间的竞争不明显，当林龄 5～6 年时胶林开始郁闭，则树体之间的生长竞争明显，下部枝条因光照不足而自然疏落，枝下高不断上移，直至树高基本稳定。橡胶树对光需求，光强低至约 500lx 时为光合补偿点，60,000lx 左右达到光合饱和点，在光合补偿点及饱和点范围内光合强度随光照强度的增加而增加。

橡胶树茎秆较脆，易遭强风折断。我国海南、广东等植胶区属热带北缘季风气候区，常有台风侵袭，当现场风力达到 12 级时，成龄橡胶树断倒率可高达 30%；现场风力为 11 级时，断倒率可达 10%～20%；风力等于或小于 10 级时，橡胶树受影响较小或基本不受害。而我国云南植胶区属于非台风区，橡胶几无风害，尤其在西双版纳地区，橡胶林林相整齐，茎秆直立，生长特别优良。除强风外，常风对橡胶树生长也有影响，常风小于 3 级，生长正常，风速小于 1m/s，对橡胶树的生长有良好效应，风速大于 3m/s 则植株生长和产排胶均会受到抑制。

橡胶树对土壤要求不严，土层深度 1m 以上、地下水位 1m 以下、pH3.5～7 范围的各类黄土、红土、壤土、砂壤土都可以生长。橡胶是主根植物，宜选择土层深厚、有机质丰富、疏松、肥沃、湿润不积水、pH5～6 的地块种植。低洼排水不良，土层深度不及

1m，1m 土层内有层状石块、结核、铁盘层的，土壤 pH4.5 以下和 6.5 以上的地块，土壤中含钙质较高的地块，对橡胶树的生长不利或不适于种植。

二、我国橡胶树栽培概况

经过近百年的引种种植，橡胶林已经发展成为我国热带北缘地区最重要的生态人工林之一。2017 年 4 月 10 日，国务院为优化农业生产布局，聚焦主要品种和优势产区，实行精准化管理，建立粮食生产功能区和重要农产品生产保护区，发布了《关于建立粮食生产功能区和重要农产品保护区的指导意见》，提出了以海南、云南、广东为重点划定天然橡胶生产保护区，达到 120 万公顷的战略目标。目前，各植胶区的天然橡胶生产保护区划定工作已基本完成，其中，海南植胶区 56 万公顷，云南植胶区 60 万公顷，广东植胶区 4 万公顷，据此，我国天然橡胶保有面积将围绕此范围有序发展。在海南植胶区，以海南农垦集团为代表的橡胶农场（橡胶分公司）植胶面积约占海南总植胶面积的一半，其余为民营橡胶园，其中，2020 年海南省天然橡胶生产情况统计数据见表 3-1。

表 3-1 2020 年海南省天然橡胶生产情况统计表

项目	年末面积 /公顷	当年新种面积 /公顷	收获面积 /公顷	产量 /吨
全省合计	519,184	3,453	394,444	33,6634
海口市	9,405	19	4,038	3,855
三亚市	11,735		7,351	7,300
五指山市	16,390		9,499	6,945
文昌市	4,516		2,214	1,655

续表

项目	年末面积 /公顷	当年新种面积 /公顷	收获面积 /公顷	产量 /吨
琼海市	33,382	58	30,395	29,906
万宁市	23,643	77	22,443	15,332
定安县	20,423		14,878	11,251
屯昌县	34,797	138	27,514	24,411
澄迈县	49,759	54	39,346	38,559
临高县	21,480	8	13,729	14,690
儋州	84,820	232	69,357	60,969
东方市	9,304	12	6,077	2,848
乐东县	31,281	178	24,817	13,247
琼中县	56,509	952	36,180	27,905
保亭县	21,811	140	18,898	18,911
陵水县	5,049		4,735	9,022
白沙县	70,014	1,586	53,827	41,664
昌江县	14,867		9,146	8,162

数据来源：《海南统计年鉴 2020》。

三、我国橡胶林的种植模式

作为源自热带雨林的高大阔叶乔木，橡胶树苗木定植后 7～9 年才能开始割胶投产，割胶生产周期一般都在 20 年以上，甚至更长，因此，在橡胶林的规划种植时，既需考虑橡胶树单株的生长空间需求，也要顾及树与树之间的竞争，同时还要追求单位面积内植胶效益的最大化，以及林地的多元化利用等，因此，橡胶树的种植应采用合理的密度及模式。在我国植胶史上曾出现过正方形种植（株距和行距相等或相近）、矩形种植（株距3～4m、行距6～7m）、街道式种植（株距1.5～2.5m、行距10～18m）、篱笆式种植（株距小于1.5m，行距大于15m）、丛株式种植（每丛2、3、4株至多株）等多种模式，经过长期的生产实践验证，现多采用矩形种植、街道式种植模式，一般橡胶树株行距为（2～3）m×（7～8）m［云南（2.5～3）m×（8～10）m］，其中，3m×7m左右的株行距种植模式（折算每亩定植橡胶树约32株）在海南植胶区应用最为广泛。

在易发生橡胶树辐射型寒害的植胶区，如云南省德宏植胶区，可采用橡胶树宽行密株的街道式种植，即把橡胶树的株距缩减为1.8～2.5m，行距拉大至10～18m，可以增加进入林下的太阳光照，减少寒害引发橡胶树烂脚病及割面条溃疡，同时，因为橡胶树的行距变宽，行间的光照条件得到改善，林地行间可利用的面积增加，为发展橡胶林下复合生态种植提供更加有利的条件。在海南植胶区虽然也偶发橡胶树寒害，但很少发生辐射型寒害，因此，该橡胶树宽行密株种植模式在海南应用较少。

为了从空间分布上、时间节点上、组合多样性上和生产力形成上充分挖掘橡胶园的生产潜力，在总结各种橡胶园种植经验的基础上，研究人员提出了全周期间作胶园种植模式，并进行了持续的大田试验验证，历经近20年的初步试验结果表明，选择直立、疏朗型橡胶树品种如热研7-20-59，采用2×（4+20）m的宽窄行种植模式（又称"双龙出海"种植模式）建立的橡胶园，即株距2m、小行距4m、大行距20m，约28株/亩，5年平均产干胶为1583kg/hm^2，为对照（常规种植模式3m×7m，32株/亩）的97.26%，橡胶树累计风害断倒率为1%，显著低于常规胶园（3.25%），可复合间作的农作物和经济作物种类大大增加，可间作面积占胶园面积的85%（幼树期）～40%（18龄时），胶园产值平均增幅达146.8%，纯收入增幅达 256.6%，经济、生态、社会效益显著，是值得大力推广的橡胶树种植利用模式。但该模式目前处于推广初期，实际应用面积仍然不多。

四、我国橡胶林下种植利用发展历程

如前所述，橡胶林已成为我国热带北缘地区最重要的生态人工林之一，也是我国热带地区农林经济的支柱产业之一。与其他热带人工林相比，橡胶林所涉及的地域广、人员多、劳动最密集。我国橡胶林地处热带北缘，单位面积胶园的干胶产量及其经济效益常低于其他热带产胶国，为了提高单位面积橡胶园的整体经济效益，可通过林下种植进行弥补，此外，利用橡胶林地发展林下种植，可就地安排闲散劳动力，使林下种植自然地成为我国橡胶种植业的伴生产业，跟随我国橡胶种植业的发展而发展。

从时间上划分，20 世纪 50～60 年代大力发展橡胶种植初期，橡胶种植农场出现粮食和副食品供给困难，为了解决粮油和副食品等的供给问题，植胶农场曾大规模地在幼龄橡胶园（发展初期幼龄橡胶园占比较高）中进行间作生产，间作各种粮油作物和其他短期经济作物，踏出了橡胶林地大规模间作发展的第一步。20 世纪 50 年代至 70 年间，云南植胶区遭受多次寒害，海南和广东的胶园遭受多次风害袭击，橡胶大幅减产，植胶农场经济困难，为了自救，利用风寒害橡胶林的林窗地或林下开展间作，发展胶林"二线作物"，以增加经济收入。20 世纪 80 年代初期，生活物资较为匮乏，同时改革开放释放出巨大的劳动积极性，为解决农场大量劳动力就业及生活物资匮乏问题，橡胶园间作作为一条重要途径在各植胶区得到发展推广，因而在胶园间作规模、技术、效益上都达到了最高峰，在丰富当地生活物资供应及分流富余劳力就业等方面发挥了重要作用。20 世纪 90 年代以后，由于物质日益丰富，间作物产品市场需求下降，大量劳动力逐步流向城市，橡胶园间作生产逐渐萎缩。

从技术层面看，我国胶园间作可分为三个阶段。第一阶段为初期摸索阶段，在 20 世纪 70 年代中期以前，重点是利用幼龄橡胶行间和受害胶林的林窗地间作粮油作物和经济作物，间作技术与纯作基本一致，但在幼龄橡胶园中间作的作物一般都需要一定的光照条件，只能在林地郁闭前开展。第二阶段为继续摸索阶段，在 20 世纪 70 年代末至 80 年代中期，总结了前期经验，降低新植橡胶树的种植密度并拉大行距，在行间间套种茶树、咖啡、香蕉、菠萝等多种作物，该模式初期效果良好，但由于亩植胶株数少，单位面积橡胶产量不高，且胶树树冠仍郁闭较快，可间套种期并不长，不过一些较耐阴作物如茶叶、咖啡等仍可继续生长。第三阶段为宽行丛栽阶段，目的是在不减少橡胶树种植密度的同时腾出更多可间套种植的土地面积，其中，以海南农垦为代表，从 20 世纪 70 年代末至 90 年代在不少农场推广丛栽种植模式，以丛代株，每丛种植数株橡胶树，在较宽的行间间套种植茶叶或咖啡、胡椒、南药、菠萝等其他作物，该模式初期橡胶树和间作物生长及效益都表现良好，但随着橡胶树的生长，丛内橡胶树株间的内部竞争趋于激烈，橡胶树往行间倾斜偏冠，导致行间也基本荫蔽，影响了间套种作物的生长，同时，橡胶树的无效株增多，风害加重，橡胶产量低，因而不再推广。走过三个阶段，橡胶林下种植在技术层面上并没有突破性进展，间作利用的胶林面积占总植胶面积的比重仍然不高。

近十年来，随着世界经济发展格局发生变化，橡胶价格一路走低并在低位持续徘徊，橡胶园经济效益严重下滑，我国橡胶园弃割、弃管、胶工流失、胶园改种其他作物造成植胶面积萎缩等不良现象陆续出现，橡胶种植及其密切产业由此陷入发展困境，进而有可能对我国天然橡胶的安全供给造成威胁。显然，尽可能地保住现有植胶面积，挖掘、提高胶园整体经济效益才是走出困境的最优路径，而橡胶林下种植通常是提高胶园整体效益最直接、有效的手段，因此，利用橡胶林地资源发展林下经济又重新受到业界的热切关注，随之又兴起了林下种植的热潮，相应的科技需求随之增加。但目前，除占比较少的幼龄橡胶园的间作利用率较高以外，在保有面积占据绝对优势的成龄橡胶林中，受限于较高的荫蔽度，适合其林下推广间作的仍然只有为数不多的几种耐阴作物，这严重制约了橡胶林下间作的发展，探索开发新的耐阴型间作物及新的间作利用模式成为当务之急。同时，随着生态保护意识的增强，橡胶林由单一化种植往立体化、多元化、生态友好型发展是大势所趋，林下种植作为其中的重要组成，该如何发挥作用，是需要重点研究的问题。因此，发展橡胶林下种植仍然任重道远。

五、橡胶林地资源特性

（一）橡胶林下蕴含大量的土地资源有待利用

按照第三次全国国土调查主要数据公报，我国现有植胶面积1,500,000 公顷，除去坡度较大或其他完全不适于进行林下种植的区域以外，即使保守地按可利用胶园占橡胶园总面积的 25% 进行估算，仍有超过 330,000 公顷林地面积可供开发利用，这是我国不可多得的重要热带土地资源之一。但目前，橡胶林下土地的利用率很低，幼龄橡胶园因光照条件好，间作利用率较高，主要间作菠萝、香蕉、瓜菜等作物，但幼龄橡胶园本身保有面积较少，占植胶总面积的比例较低，粗略估计其间作利用面积超过 6,700 公顷；而成龄橡胶林占植胶总面积的 70% 以上或更高，但通常荫蔽度较高，可在林下推广种植的作物种类较少，主要的间作物有益智、砂仁、茶叶、咖啡、魔芋及个别花卉等，少量用于发展林下食用菌和药用菌等，粗略估计间作利用面积约有 20,000 公顷；两者合计，总的间作利用面积不会超过 33,000 公顷，可见，尚有大量的橡胶林下土地资源有待开发利用。

根据中国热带农业科学院橡胶研究所的最新研究结果表明，在不增加额外投资，不显著减少橡胶树单株产量的前提下，采用直立型橡胶树新品种，按优化种植形式建立的全周期间作模式胶园，橡胶树定植后有约 50% 的林地面积可供开展多种作物间作生产，该模式可提高胶园土地利用率，增加胶园产出与收入，可进行林下种植的持续年限、作物种类均大幅增加，使林下种植生产成为常态化的农业生产活动，促进林下种植生产的产业化，同时，该种植模式还大幅提高了胶园的抗风能力，减缓橡胶价格低迷和台风灾害对橡胶生产的冲击，同时增强热带地区土地的战略储备。若该技术在我国植胶区中的大部分地区得到大面积推广，则我国橡胶林的可间作面积将成倍增加，开发利用潜力更大。

（二）橡胶林下药用植物资源丰富

橡胶林作为重要的热带人工林，生产周期长达 30 年以上，由此孕育了相对稳定的胶园生态系统，林下植物资源十分丰富，其中，药用植物资源占比较高。云南垦区胶园调查结果表明，云南植胶区中分布有中药材资源 42 种，隶属于 18 科 28 属，其中，附生或寄生于橡胶树上的有：兰科石斛属的齿瓣石斛、兜唇石斛、束花石斛、流苏石斛、鼓槌石斛和疏花石斛；骨碎补类的槲蕨和大叶骨碎补等。生于橡胶密林下的有：姜科豆蔻属的阳春砂仁、绿壳砂仁、白豆蔻和山姜属的益智、山姜等，以及绞股蓝、肉桂、萝芙木、金鸡纳、千年健、杠板归、海芋、老虎须、伸筋草等。生于橡胶疏林下及林缘的有：姜科的姜黄、莪术、闭鞘姜、草豆蔻、云南草蔻、红豆蔻、山奈、含羞草、葫芦茶、魔芋、猫须草、苏木、葛根、龙葵、山乌龟、灯台树、石蒜等，薯蓣科的多毛叶薯蓣、五叶薯蓣，还有蜀葵等。

海南橡胶林下植物资源也十分丰富。据报道，海南橡胶林共有植物种类 472 种，其中药用植物 382 种，牧草植物 40 种，纤维植物 35 种，可食用植物 22 种，观赏植物 13 种，海南特有种 7 种。其中，海南橡胶林林下药用植物有 102 科 288 属 415 种，内含裸子植物 1 科 1 属 1 种，为小叶买麻藤；药用蕨类植物 11 科 14 属 20 种，分别为沙皮蕨、三叉蕨、半边旗、井边茜、全缘凤尾蕨、华南毛蕨、新月蕨、单叶新月蕨、薄叶卷柏、翠云草、铁芒萁、团叶陵齿蕨、乌蕨、七指蕨、肾蕨、铺地蜈蚣、半月形铁线蕨、扇叶铁线蕨、鞭叶铁线蕨、乌毛蕨；药用被子植物 90 科 273 属 394 种，主要有粉背菝葜、肖菝葜、菝葜、罗志藤、益母草、光叶巴豆、红背山麻秆、小果叶下珠、石岩枫、大叶千斤拔、木豆、粪箕笃、草胡椒、红花青藤、长花龙血树、土人参、九节、鸡屎藤、山芝麻、独脚金、海金沙、海南重楼、麻风树、白背叶、余甘子、大青、白花丹、卵叶半边莲、山香、叶下珠、香附子、破布叶、苦楝、一点红、木豆、鸦胆子、磨盘草、苍耳等。其中全株可入药的植物有 331 种，占 79.8%，清热药种类最多，达到 163 种，占总数的 39.3%。

六、影响橡胶林下种植的因素

（一）橡胶林下光照条件

光照竞争是农林间作中主要竞争的资源，橡胶园间作中光能是行间间作物生长发育和产量形成的主要影响因素，对于常见的橡胶林下种植，光照条件差的橡胶林下间作物的产量要明显低于光照条件好的橡胶林。光照条件往往被认为是橡胶林下作物生长的主要限制因素。

在现有常规生产的橡胶树种植模式下，橡胶林行间的光照条件特点之一，是光照条件会随着橡胶树的生长龄段而发生变化。若根据橡胶树的树冠生长特点，常规橡胶园可分为幼龄阶段、成龄阶段和老龄阶段，但一般提法的成龄胶园往往把老龄胶园也包含在内。在幼龄阶段（即 1～3 龄树），即幼树橡胶林，由于橡胶树植株矮小、枝叶量少，园内显得十分空旷，露地面积占比很大，橡胶林地中的光照条件接近于一般露地，适于在林地中种植的作物种类跟露地类似，除个别需要持续强光照的作物以外，只要在常规露地中能正常种植的作物，基本上都可以在该龄段的橡胶林地中种植，其林下种植技术及作物的产量表现也与一般露地单作种植接近。当橡胶树进入 4～6 龄期后，树体展开生长，林段开始逐渐郁闭，树冠与树冠之间逐渐出现部分枝叶交织现象，林下光照变弱，尤其是 6～8 龄以后，橡胶树进入开花、开割期，即常说的成龄胶园。树高稳定后最终可达 20～40m，除冬春季节短暂的落叶、抽叶期以外，常年枝叶繁茂，林下直射光大幅度减少，除少部分疏朗型的橡胶树品种及非常规低密度种植的胶园以外，该龄期的常规橡胶林荫蔽度一般都在 75%～85%，尤其是部分枝叶量大的橡胶树品种，成龄后林下一年中大部分时间都处于高荫蔽状态，高峰时荫蔽度甚至可高达 95% 以上，林下几乎都是散射光，光照度可低至仅有几百勒克斯，此时林下一般植物生长不良，故林下植物稀少，因此，行间仅适合少量较耐阴的植物生长。在橡胶树成龄并经连续十多年的割胶生产后，橡胶树长势开始减弱，同时也因风、寒害等的影响，树冠叶量有所减少，单位面积内橡胶树的保有株数也有所减少，橡胶树开始进入老龄阶段，园内透光量随之增多，荫蔽度下降至 70% 附近，林下杂草、灌木种类及数量又开始逐渐恢复，盖度加大，此时可以在林下种植的植物种类随之增多。另外，橡胶树对光照的遮挡，除了光照量的减小外，光质也发生变化，幼龄橡胶园内的光质接近自然光，而成龄、老龄橡胶园，太阳光通过树冠，达到林下的直射光减少，红光比例降低。

橡胶林地行间的光照特点之二，是光照条件年内变化较大。由于我国植胶区地处热带北缘地区，开割的橡胶树一般会在冬末春初季节，此时进入落叶期，除暖冬年份落叶不彻底以外，落叶后会出现 1～2 个月相对短暂的空窗期，该时期橡胶树叶片基本落完，仅剩树干、树枝遮挡阳光，林下光照条件又恢复到接近露地状态，进入 3、4 月重新抽叶，并在 6 月和 9 月分别再长出一个新叶篷，一年中树冠叶量出现明显的阶段性变化，进而导致园内光照条件也发生相应的变化，如 1～2 月园内几乎是全光照，3～4 月的荫蔽度约45%，其他时间则大都处于较高郁闭状态。

橡胶林行间的环境特点之三，是光照条件的不确定变化。在我国植胶区，冬季时有寒潮低温侵袭，会造成树叶提前掉落，重者枯梢，甚至寒害造成大量枝条枯落，进而影响次年橡胶树的枝叶抽生，春季的倒春寒也可能导致已经抽出的橡胶树幼嫩枝叶掉落，使胶林内环境剧变，如光照突然增强、湿度大幅降低等。而在海南、广东等植胶区，夏秋季节还会有台风袭扰，可造成橡胶树大量断枝落叶甚至植株断倒，导致林下光照突然增强，若此时林下间作有喜阴的植物，则有可能会被灼伤，林下菌类生产也有可能会遭受严重损失。除了寒害和风寒，个别年份也偶有严重旱害发生，造成橡胶树落叶甚至枝叶回枯，引起橡胶林下光照条件的较大变化。但无论是寒害、风寒还是旱害，并非每年都会发生，存在较大的不确定性。

事实上，因冠层荫蔽度变化所致的林下光照条件变化，进一步导致与光照条件变化相应的林下湿度、风速等发生相应变化，如冠层荫蔽度大，风速减慢，对流减弱，湿度增大等等，否则相反。此外，年降水量变化也是影响橡胶林下种植的要素之一，如每年6月至10月的雨季，12月至翌年3月的旱季，均会对林下种植生产活动产生明显影响。

作为林下种植的主要限制因子，林下光照条件对林下间套种植作物的影响，首先体现在生长及产量上，对大部分橡胶林下种植的作物而言，其生长及产量往往会随着林下光照条件的变差而降低，这已在各种研究及生产中得到证实，在此不做细述。林下光照条件对林下间套种植作物影响的另一个方面，即对林下作物的品质或质量的影响，尤其对林下间作的中药材（南药）而言，林下不同的光照条件是否会对林下药材品质或质量（次生代谢产物）产生重要影响？不同光照条件是否会导致林下药材品质或质量存在较大差异？到底是在高荫蔽的林下种植还是在低荫蔽下有利于获得更优质的药材？目前，对这方面的关注与研究报道都比较少。笔者此前曾对不同荫蔽度橡胶林下种植的广金钱草、地胆草、肾茶、绞股蓝等南药进行了初步的研究，结果表明，不同荫蔽度下，不同南药药材中主要次生代谢产物对林下不同荫蔽度的反应各不相同，部分林下南药的个别含量指标表现出在高荫蔽情况下含量较高，但整体上看，大部分参试南药中的主要次生代谢产物含量表现倾向于随林下荫蔽度的增加而降低，尤其是在较高荫蔽情况下，林下南药植株除生长、产量表现较差以外，其药材中的主要成分含量也可能处于较低水平，即使按照中医理论，中药材质量的评判不能仅以药材中某个具体的含量高低作为判断优劣的标准，但这种药材中次生代谢产物含量随林下荫蔽度而变化的现象仍然是非常值得关注的问题。当然，目前已测试的橡胶林下南药资源种类及数量十分有限，有待进一步扩大、深入研究。

（二）橡胶树的品种生长特性

橡胶树是比较典型的热带雨林中的上层树种，生长快，趋光性强，但不同橡胶树品种之间的生长表现存在差异。橡胶树品种生长特性对林下种植的影响，主要表现为对林下光照条件的影响。在现有种植密度条件下，多数品种的橡胶树株间对空间的竞争十分明显，即为了获得更多的阳光，橡胶树的树冠往往偏向行间，且株距越小、行距越大时，偏向行间的倾向越明显，树干也因偏冠生长而倾斜或弯曲，这进一步加重偏冠，偏冠生长导致行间郁闭加快，同时也加大了橡胶树发生风害的风险。因此，进行橡胶林下种植时，还要考虑橡胶树的品种生长特性。目前在海南植胶区种植的橡胶树品种中，如热研 7-33-97 为枝叶量偏丰富型品种，其成龄林下常荫蔽度较高，PR107 枝叶量中等但较易倾斜偏冠，热研 7-20-59（热研 917）枝叶量中等相对不易偏冠，热垦 628 枝叶相对疏朗，较具林下利用潜力。

在 20 世纪 70 年代至 90 年代，我国部分植胶区曾出现因未充分考虑橡胶树的品种而影响橡胶林下种植的典型案例，即在新种植橡胶林时，采用常规橡胶树品种，通过宽行密株式种植，或者在拉大行距的基础上以丛代株，以便利用较宽的行间间套种植，两种模式早期橡胶树和间作物的生长都表现正常，整体效益良好，随之该两种模式在部分植胶区得到较大面积的推广，但多年后才发现，随着橡胶树的不断生长，橡胶树株间竞争加大，导致橡胶树逐渐往行间偏冠倾斜，直至行间基本被偏冠生长的树冠郁闭，进而影响间套种植物的生长，或导致橡胶树的无效割胶株数增多，风害加重，橡胶产量低，实际持续效果无法达到主体、间作物长期共存双丰收的预期。

对橡胶树树冠进行修剪可有效增加林下光照，但由于修剪后橡胶树在修剪处很快恢复生长，即使大强度修剪也可以在 2～3 年内恢复，甚至长出比原枝条更大的愈伤组织和更浓密的枝条，导致更严重的偏冠现象。这表明橡胶树的生长习性并不因树冠修剪而改变，或者只能临时性改变，采用树冠修剪以增加林下光照的措施是昂贵的且持续效果并不明显，因此，橡胶树树冠生长特性也是影响橡胶园行间光照条件的主要因素。不过，目前对于橡胶树树冠的修剪经验，是基于对一些已有橡胶树品种进行修剪的基础上得出的一般结论，至于是否存在既速生高产高效，又具有较强修剪可塑性的橡胶树种质资源，值得进一步研究。

（三）橡胶林土壤地力

土壤是植物生长发育的基础，土壤的地力条件不但影响橡胶树的生长发育，同时也会对林下种植产生基础性影响。海南植胶区的土壤，大多数从丘陵次生林或灌木丛开发而来。根据 20 世纪 80 年代海南植胶区第二次土壤普查资料，海南主要植胶区的橡胶林地土壤成土母质可划分为四个主要类型区，分别为：

1. 花岗岩发育的土壤 花岗岩地区岩石主要由正长石、云母和石英组成，抗风化能力强，所形成土壤砂粒适中，钾素丰富，全钾含量相对较高，但土壤速效钾较低。土壤有机质偏低，平均 1.09%；全氮很低，均值 0.052%，速效氮偏低，均值 65.6mg/kg；全磷和速效磷都极低，分别为 0.026% 和 2.45mg/kg；全钾 1.78%，速效钾 37.2mg/kg。土壤特征为氮中等偏低，缺磷富钾，局部缺镁，主要分布于海南植胶区的中部并向四周辐射，占海南植胶区面积的四至五成，为海南植胶区主要的土壤类型。

2. 玄武岩发育的砖红壤 玄武岩主要由斜长石和辉石组成，易风化，形成土壤黏粒较多，有利于土壤有机质积累，相应土壤氮素含量较多。有机质平均值主要由斜长石和辉石组成，易风化，形成土壤黏粒较多，有利于土壤有机质积累，相应土壤氮素含量较多。有机质平均值2.76%；全氮平均值0.134%，速效氮平均值130.4mg/kg；全磷平均值0.045，速效磷平均值0.66mg/kg；全钾平均值0.076%，速效钾平均值21.9mg/kg。土壤特征为高氮、镁，极缺磷、钾，主要分布于海南的东北部、北部地区。该成土母质类型约占海南植胶区面积的四分之一。

3. 变质岩发育的土壤　变质岩是由岩浆岩（如花岗岩）或沉积岩（如砂页岩）受高温高压而形成，其矿物成分在变质过程中发生了一定的结构变化，但土壤肥力特征与花岗岩发育的土壤接近。有机质偏低，均值1.12%；全氮很低，均值0.057%，速效氮偏低，均值64.7%；全磷及速效磷都极低，分别为0.011%和2.74mg/kg；全钾含量较高，为1.40%，速效钾很低，为30.4mg/kg。土壤肥力状况为低氮，极缺磷，相对富钾，局部缺镁，主要分布于海南植胶区的儋州、白沙、东方、昌江等市县，约占海南植胶区面积的十分之一。

4. 砂页岩、海洋沉积物、河流冲积物所形成的土壤　该类型土壤是其他岩石或发育形成的土壤受河流、山洪、海洋运动将其从某个地方搬运并在另一个地方沉积形成的岩石和土壤，一般砂性较强，但页岩沉积物的黏粒较多。土壤有机质最低，只有0.95%；全氮很低，0.045%，速效氮最低，只有50.1mg/kg；全磷0.011%，速效磷1.17mg/kg；全钾、速效钾都很低，分别只有0.33%、19.5mg/kg。该类土壤为肥力较缺乏区，主要分布在河流流经的平原地带及沿海地区。

从不同成土母质的土壤基础地力看，海南植胶区的橡胶林土壤地力大都处于中等或中低偏下水平，基础肥力整体欠佳，且经过几十年的持续人为植胶生产，耕作层土壤的地力条件也发生了变化。前期研究结果表明，在过去的几十年中，海南主要橡胶胶林土壤的碱解氮、全氮、全磷、速效钾、pH 及有机质的含量均有不同程度的下降，速效钾含量下降幅度最大，而速效磷和全钾含量则有所增加，其中土壤碱解氮、全氮、全磷、速效钾、全钾、有机质含量及 pH 变异系数呈下降趋势且已逐渐趋向均一，说明种植橡胶后海南省橡胶林土壤地力趋于衰退并朝均匀、全面酸化方向发展。进一步的研究与相关分析结果表明，土壤有机质和全氮是目前海南省橡胶林土壤化学肥力的主要限制因子，其次为速效钾。

在进行林下种植时，除了要做好橡胶树的施肥以外，也要对林下间套种植的植物进行科学合理施肥，才能取得良好的效益。

（四）橡胶林地的水热条件

海南岛地处热带北缘地区，属热带季风气候区，热带水热条件丰富。日照充足，大多数地区年日照时数在 2,000 小时以上，其中，西部地区最多，年日照时长在 2,400～2,750 小时，中部山区最少，约 1,750 小时。热量丰富，年平均气温除中部山区在 22～23℃以外，其他地区都在 23℃以上，南部地区超过 25℃。月平均气温大于等于 20℃适宜橡胶树生长的月份，南部可长达 12 个月，其他地区 9～11 个月。日平均大于等于 10℃的年积温大多在 8,300℃以上，南部的三亚、陵水、保亭、乐东，年积温达 9,200℃；琼中最少，年积温 8,100℃左右。雨量充沛，大部分地区年降水量为 1,500～2,000mm，均适宜植胶；中部山区因地形抬升，雨量有随海拔增高而增加的趋势，琼中年均降水量 2,400mm，最高年份甚至可高达 5,500mm 以上；西部沿海的几个市县年均降水量多为 800～1,000mm，东方市的甚至可低至 300mm 左右，总体上，海南岛东湿西干，中部山区多雨；雨量季节分配不均匀，干湿季明显，一般 5～10 月为雨季，11 月至翌年 4 月为干季，其中，雨季的雨量一般占全年降水量的 80% 以上，常为春旱秋涝，夏秋季节台风雨、雷雨、暴雨较多。

在海南岛不同地区不同水热条件发展起来的橡胶林，其林下的水热条件以本地区的水热条件为基础，并随之变化，同时，橡胶林地一般都分布于山区或丘陵地带，除定植初期为保证橡胶树成活而进行人工浇水，或个别林地具备喷淋条件以外，一般橡胶园常年处于相对粗放的管理状态，橡胶树对水的需求，除了地下土层供给，其余要"靠天吃饭"，因此，林下间套种植物也要根据当地水热基础条件选择适合的品种类型。比如，笔者曾从我国一些内陆省份引种当地主流栽培的黄精、三叶青等药用植物资源，至海南儋州地区的橡胶林下进行适应性试种，结果发现这些资源在该地区橡胶林下仅雨季、临近冬春季节时生长正常，进入高温季节后植株表现生长缓慢甚至生长基本停滞，在转入相对凉爽的季节后又开始恢复生长，说明其难以适应当地的气候，尤其是高温。

（五）橡胶林的垦植方式

橡胶林地的开垦分全垦、带垦和穴垦等，不同开垦方式对林地的开垦质量有较大差异。全垦方式是对胶园范围内土地全部深翻和整理，行间土地整理后有利于间作生产，而带垦和穴垦方式只是深翻和整理胶园的植胶带或植穴，行间的萌生带等土地未作整理，未经整理的萌生带除了有杂草灌木外，还可能因存在大石头、石块多、树根多等，而不适合于开展林下种植，或间作难度大、成本高。因此，橡胶林地的垦植方式或开垦水平，也是影响橡胶林下种植的因素之一，在发展林下生产时需要予以考虑。

橡胶林行间是林下种植生产的主要场所，橡胶树行距的大小对林下生产有较大影响。若橡胶树行距窄，则冠层郁闭早，行间荫蔽度大；若行间宽，则相反。据观察，成龄稳定前的橡胶树的树冠半径年扩大 0.5～0.8m，若行距 6～7m，则行间在植后 3～4 年内基本郁闭；若行距 7 ～ 8m，行间在 4 ～ 5 年内基本郁闭；若行距扩大至 16m，行间也可能在 10 ～ 11 年内基本郁闭。冠层郁闭前行间光照足，可以在行间作植一般农作物，冠层郁闭后行间光照弱，行间只能间作耐阴或阴生作物。橡胶林的规划种植，往往优先考虑的是橡胶的生产需求，若同时考虑发展林下种植则应适当拉大行距。此外，冠层郁闭速度也与橡胶树品种、地力、坡向和其他栽培措施等有关。因此，橡胶树的种植模式也是发展胶园林下种植时要考虑的要素之一。

橡胶林建设是否规范也是影响胶林间作等林下经济生产的因素之一。如国有农场或公司和一些植胶大户的胶林，种植模式通常是比较规范的，基本上按设定株行距栽种，其植行较顺直，株行距基本不变，且行间和林段间可互通，行间宽度、光照等环境条件比较一致外，适合于规范种植或机械作业。但有一些民营橡胶林，在同一块林地采用不同的种植模式，有的行距株距大小不一，有的行向不一，有的在行间头尾还多种几株橡胶树，导致行间光照不一，行间隔断或不通，影响林下种植的生长和抚管。这也是在发展胶园林下经济时需要考虑的因素。

（六）橡胶林地下根系竞争

橡胶树根系属直根系，主根深生，侧根分布较浅，层性明显。据研究，1 年生或 2 年生橡胶树的主根一般可深达 1.5m 以下，成、老龄胶树的根深可达 2 ～ 3m。橡胶树生长时，除主根垂直向下延伸，分布较深外，橡胶树侧根的分布主要在 0 ～ 40cm 的上层土壤中，尤以 30cm 以上土层中的分布较为密集，可占总根数的 66% ～ 91%，其中，也是细根（吸收根）的主要分区。橡胶树根系水平分布多与树龄有关，根幅随着树龄的增大而增大，通常橡胶树侧根的最大水平分布幅度为树冠的 1.5 ～ 2.5 倍，但以冠幅投影的范围内较密集。在雨季，成龄橡胶林地表面经常可见被雨水冲刷而显露出来的密集细根。因此，即使是纯作种植的橡胶林，在橡胶树成龄以后，除了地上部橡胶树冠与树冠之间的生长竞争，林地下的根系之间也存在明显的资源竞争。若进行林下种植，除了要考虑地上部空间资源利用的竞争压力，还要面临地下根系间的竞争。

为了尽可能地合理利用资源，除了做好施肥满足橡胶树及林下间作物的养分需求以外，一方面，可以通过合理搭配橡胶树与林下间套种植的方式，来减少地下根系竞争，比如在橡胶树 - 胡椒种植模式中，同一穴位 0 ~ 30cm 的上土层橡胶根较多，而 30 ~ 80cm 的下土层胡椒根较多，二者根系存在不亲和有相互回避的特点，这正好有利于降低不同根系间的直接竞争；另一方面，还可以通过不同栽培措施进行隔离，如在橡胶树与间套种植间挖隔离沟、埋薄膜隔根，或采用容器栽培的方式进行林下种植，以减少橡胶树根系与林下种植植物根系之间的直接接触或交集，来减缓根系竞争，但因橡胶树的根系具有顽强的生命力及再生能力，通过栽培措施隔离的持续效果往往不太理想。

（七）其他影响因素

在橡胶林复合种植系统中，橡胶是"一线作物"，而林下种植只是橡胶种植的一种补充，一般被当作"二线作物"，因而林下种植生产往往也受植胶经济效益的影响，也就是说，会受到天然橡胶价格波动的影响。因为，传统的天然橡胶产业是劳动密集型产业，橡胶树的种植生产，需要大量的劳动力投入，尤其是割胶生产环节。当天然橡胶价格较高时，售卖橡胶的经济收益较高，植胶者或割胶工人的割胶积极性较高，主要精力已用于胶园管理及割胶生产，此时，他们通常无意进行或无暇顾及林下种植；当天然橡胶价格较低时，割胶工人的收益较低，但因橡胶生产的特殊性，割胶工人的工作一般只能围绕橡胶林进行，而难以利用闲时劳动力同时兼职其他工作，需要寻求割胶以外的创收方式来增加收入，此时，利用橡胶林地发展林下种植成了增加经济效益最直接、有效的手段。比如在 2011 年前后，天然橡胶价格曾经高达 3 万～ 4 万元 / 吨，割胶生产的收益较为可观，植胶者或割胶工人甚至根本不愿意进行林下间套种植，业界对林下种植的关注度也较低，林下种植的利用面积自然就比较少；而近十年来，天然橡胶价格持续走低并长期低位徘徊，植胶生产的直接经济收益严重下降，人们对利用橡胶林地发展林下间套种植的意愿随之回暖增强，相应的科技需求增加，林下种植利用的面积有较大幅度增加，其中，以橡胶林下种植南药益智为典型案例，在 2016 年前后的短短几年时间，即在海南的橡胶林下发展种植了近 1.3 万公顷。

橡胶林的常规生产措施也可能影响林下种植。比如，为便于施肥管理，在橡胶树的行与行中间通常需要挖出一定深度和宽度的施肥穴或施肥沟，进行林下种植时一般需要错开这些施肥穴或施肥沟，从而造成林下实际可间作利用的面积变小，或不利于林下种植的耕作操作。在橡胶树的抽叶期，通常需要对橡胶树喷撒硫黄粉等药剂以防治"两病"（即橡胶树白粉病和炭疽病），由此可能会飘散到林下种植的茶叶、药材等作物上，从而对其质量产生影响。

此外，橡胶林地的地形、坡向、坡度、土质、水源、电力、交通等，也是发展胶园林下种植时需要综合考虑的因素。

第二节　橡胶与益智复合种植

益智是"四大南药"之一，主产海南，是海南省道地药材，也是目前海南橡胶林下种植最成功、间作面积最大、最典型的南药之一。益智以其成熟、干燥的果实入药，辛，温，归脾、肾经，暖肾固精缩尿，温脾止泻摄唾，用于肾虚遗尿，小便频数，遗精白浊，脾寒泄泻，腹中冷痛，口多唾涎，在常规中药饮片中一般以益智干果、益智仁及盐益智仁等形式使用。化学成分研究表明，益智主要成分为挥发油、萜类、黄酮类、庚烷类、甾醇及其苷类化合物等，药理学研究结果表明，益智有抗菌消炎、强心、抗癌、镇痛、保护心血管、抗氧化、抗衰老、抗过敏、益智健脑、神经保护、提高免疫力、保肝等多种药理活性。目前，在我国现行的处方药中可查询到含南药益智的中成药处方有40余项。

除传统入药外，益智还是极具开发价值的香料植物，也用于保健食品和药膳等，属药、香、食同源植物。已开发的益智食品类产品有益智酒、益智香辣酱、益智凉果、益智果脯、益智糖果、益智糖水、益智罐头、益智茶、益智酒、益智粽；等等。随着对益智药理作用研究的深入及其药用价值的挖掘，益智的开发利用空间及消费需求将有望进一步拓展。

益智在荫蔽度较大的环境中生长结果良好，曾作为一种重要的林下间作物在广东、海南、福建等地的橡胶林下大面积推广种植。在橡胶林中，春季橡胶树落叶后林下光照条件临时改善，正好有利于益智开花，夏季茂密树荫又给益智生长和果实发育创造了良好的生态环境，因此，益智在橡胶林下生长结实表现良好，根据种植管理水平不同，每年橡胶林下可额外产出 $150 \sim 600kg/hm^2$ 不等的益智干果，一次种植多年收益，对橡胶树的生长与产胶基本没有负面影响，同时，因益智株丛的覆盖度大，可以减少橡胶林的地表径流，降低冲刷，提高土壤含水量，抑制胶园杂草生长，减少除草用工，益智果实收获后清园修剪下来的老、弱、残枝叶可作橡胶树的压青绿肥材料。橡胶林下益智复合种植适宜于不同规模、不同水平的橡胶园。

一、益智生物学特性

（一）植物学特性

益智（*Alpinia oxyphylla* Miq），姜科山姜属多年生常绿草本植物。植株高 1.5～3m，茎丛生。叶无柄或具短柄，叶片披针形，长 25～35cm，宽 3～6cm，顶端尾状渐尖，基部阔楔形，边缘有脱落性的刚毛，其残留的痕迹呈细锯齿状，两面均无毛；叶舌膜质，长 1～1.5cm，稀更长，2 裂。总状花序在花蕾时全部包藏于一稍状的总苞片中，顶生，花时长 10～15cm，总花梗基部常弯曲，被短柔毛；花梗短，长 1～2mm；小苞片极小；花萼筒状，长约 1cm，一侧开裂至中部，顶端不规则 3 裂，外被短柔毛；花冠管长约 7mm，裂片长圆形，长 1.5～2cm，外被疏柔毛，侧生退化雄蕊钻状，长 2mm；唇瓣倒卵状长圆形，长 2.5cm，具粉红色条纹，顶端微 2 裂，并有不规则的圆齿，边微卷；雄蕊约与唇瓣等长，花丝长 1～1.5cm，花药长 6～7mm；子房卵圆形，密被茸毛。蒴果纺锤形或球形，长 1.2～2cm，直径 1～1.3cm，熟时棕色，果皮上有 13～20 条显著的纵条纹，种子芳香。

（二）生长习性

益智生长于阴湿林下，主要分布于广东和海南，福建、广西、云南也有栽培。热带、南亚热带林下，海南各市县林区均有产，尤其以白沙、琼中、五指山、保亭、屯昌、陵水、万宁、儋州等地的橡胶林下种植较多。

益智幼苗期生长缓慢，分株苗生长快。根部长出横走茎后，在其茎节上可长出新的直立分株，逐渐形成益智株丛。6～9 月气温

高,萌发新分株最多,占全年分株的 50%～60%。分株生长 20 片
叶后,便能开花结果。春季开花,一般 3～4 月开花最多。每个花
序从上至下逐渐开放,约可持续 20 日。授粉受精后 4～5 日即形成
小果,从开花到完全成熟需要 85～95 日。每条花茎只开花结果 1
次,果实成熟后即逐渐枯萎死亡。益智是异花授粉植物,主要靠昆
虫传粉。

益智喜温暖。年平均气温在 21℃以上可正常生长,以
22～28℃最宜,年均温 24～26℃开花结果最多;气温低于 20℃时,
开花减少;10℃以下时,不开花或不散粉,甚至落花;幼果期不耐
低温,8℃以下的低温会发生生理性落果,中果期较耐短期低温或轻
霜;长时间持续霜冻,或反复出现霜冻天气,植株回枯,严重损害
萌生能力。

喜漫射光照,不耐强光直照,需要适度荫蔽,但不同生长发育
阶段对光照需求有所不同。营养生长期以荫蔽度 70%～80% 为宜,
开花结果期荫蔽度 50%～60% 为宜。在成龄期,若荫蔽度过大可
造成株丛生长缓慢、植株徒长、分蘖减少、果穗细长、结果率低、
品质下降,且病虫危害多;若荫蔽度太小,则植株生长受到抑制,
叶缘叶尖呈灼伤状态,开花结果少,寿命缩短。

喜欢湿润环境,以年降水量在 1,700mm 以上,空气相对湿度
80%～90%,土壤湿度 25%～30% 为宜,其中,我国主要的植胶
区常在早春时节出现干旱,干旱使植株生长减缓,对植株生长发育
不利,进而影响花芽分化和开花结果。久旱或大旱时,可导致成花
困难或花朵回枯,因此,成花期、花果期保持土壤水分是获取全年
产量的关键。但雨水过多,尤其是在花果期降水过多,会造成烂
花、落花、落果,或者不能成果。

益智对土壤要求不高,除海滩冲积地、盐碱地、沙地及旱生地
外,在土质疏松、肥沃、富含腐殖质、蓄水保水能力较强但不积水

的壤土、沙质壤土，pH4.6～6.0，有荫蔽条件的河沟边、山谷、坡麓等地都生长良好。

宜静风环境，年平均风速大于3m/s的常风不利益智生长发育；大风则可造成益智轻者落花、落果，重者倒伏。

二、益智品种及种苗繁殖方法

（一）品种

一般采用当地筛选的高产植株的种子苗或其分株苗作为种植材料。目前已选育出一些新品种，如"琼中1号"，该品种具有长势旺盛，产量高等优良特性，产干果可达957.75kg/hm²，产量比常规的提高50%以上。此外，在广东、广西等地也有一些区域性筛选出的高产益智栽培株系。

（二）繁育方法

1. 种子繁育

一般6～9月益智果实成熟期间，从穗长、果大、果多、味浓辣的植株上选取果粒饱满、外皮金黄、无病虫害的成熟果实，堆沤3～5日后剥去果皮，将果肉倒入细沙和草木灰（7:3）及适量水混合的浆液中，用手轻轻搓揉果肉直至种子与果肉分离，然后用清水漂去果肉和杂物，分离出种子并洗净，晒干或晾干，但不宜过分干燥（种子含水量约15%为宜）。一般每10kg鲜果，可得种子约1.5kg。

播前催芽。催芽方法是：将种子在冷水中浸泡1～2小时，然后取出放入40℃左右温水中浸泡30分钟，取出再于冷水中浸泡20～24小时，然后取出种子催芽。在沙床上铺一层尼龙窗纱，窗纱上铺一层种子，种子上盖一层尼龙窗纱，再铺上一层厚3cm河沙，淋水保湿，并控制日均温 26℃左右，日温差 7℃以内。10 ～ 15 日后种子开始萌发，当出现白色小根点时取出萌发的种子，播到苗床上。

播种育苗。在平坦、疏松、肥沃的砂壤土地上，浅犁、细耙，去茬，撒施些腐熟基肥，开沟起畦，畦宽 1 ～ 1.2m，畦长视地形而定，沟深约 20cm，畦面泥土平整松散。将种子均匀撒播于畦上。或在畦上按行距 15cm 开浅沟，按株距 10cm 播种一粒，或播于营养袋中。播后覆土（或沤制过的土杂肥）厚约 1cm，然后用多层遮荫网覆盖畦面，淋水保湿。搭防雨荫棚，荫蔽度控制在 60% ～ 70%。7 ～ 10 日后种子开始发芽出土，13 ～ 16 日为发芽高峰期，20 日左右发芽基本结束。幼苗出土后要及时除草松土。当幼苗长出 2 ～ 3 片叶时，在行间淋施稀释 10 倍的沼液，施肥时肥液不能洒在嫩叶上，以防被高温、烈日灼伤。此后，每隔 10 ～ 15 日施 1 次，浓度可逐次加大。在高温高湿季节，可喷洒 1 ～ 2 次 1:2:（120 ～ 150）波尔多液，或 50% 多菌灵 800 ～ 1,000 倍液预防病害。

种苗移栽。育苗床中的益智苗高约 7cm 时开始移栽。选择晴天下午或阴天移苗，取苗时从畦的边缘清除基质，轻轻拔出或铲出种苗，尽量保证根系完整，栽入已装好育苗基质并开好小穴的育苗袋、育苗盘等育苗容器中，每个育苗容器移栽一株苗，再填补基质轻轻压实，栽种后及时浇透定根水。后根据天气情况适时浇水，施肥及防病措施参照上述播种育苗中的执行。以育苗床直接培育成苗方式育苗的不移苗。

种苗出圃。在苗高达 25 ～ 35cm 或以上，分蘖芽 3 ～ 5 个或以上的秧苗可出圃定植。带土块苗或容器苗有利于苗木定植成活。

2. 分株繁育

分株繁育宜在 7 ～ 8 月份果实收获后进行。选择生长旺盛、无病虫害、产量高、抗性好的益智株丛，从中选取生长稳定、未开花结果、茎粗壮、叶浓绿的分蘗苗，挖开其周边泥土，把地下茎及连带的新芽从其母株分离出来，注意勿伤害根状茎和笋芽，然后修去部分叶片和过长的老根，成为直立茎长 30～50cm、根状茎和笋芽完好的种苗。后直接用于林下定植，或先在育苗容器中培育后再移栽定植。

三、益智林下种植技术

（一）林地选择

选择行间荫蔽度 60%～90% 的橡胶林地，年降水量 1,700mm 以上，土层厚度 50cm 或以上的胶园行间林荫地。益智对土壤肥力要求不高，但肥沃、疏松、富含腐殖质的土质最适宜。

（二）整地

种植前 1～3 个月，对离橡胶树 2m 以外的行间萌生带灭草，平缓地撒施腐熟农家肥 30,000～45,000kg/hm^2、过磷酸钙 1,500kg/hm^2，进行带状翻土，深 30cm，耙细。根据橡胶园的行间宽度和间作种株行距要求确定拟起畦数量，按等高起畦，畦宽 1～1.2m、高 15～20cm，后在畦上开穴定植。土壤比较肥沃松软的地块或坡地，可免备耕直接挖穴定植。

（三）栽种定植

在常规成龄橡胶林下种植时，砂仁与橡胶树间的距离一般大于等于 2.5m；若在宽窄行、全周期间作模式胶园中间作，一般要求距离橡胶树 3m 以上。

益智种植的株行距一般为 1.5m×2.0m。如橡胶树行距为 7m，益智株行距 1.5m×2.0m，可在行间间种 2 行。注意不宜太密，否则通风不良易引起植株倒伏、烂果等情况。

种植时间在 3～10 月份均可定植，在雨季或阴天定植成活率高。

按约 30cm×30cm×30cm 的规格挖植穴，若未施底肥，每穴施入腐熟厩肥等 2～3kg 混合过磷酸钙 20g，并与表土混匀，回半土；定植时，每穴植入 1～2 株实生苗或 1～2 株分株苗，将益智苗的根状茎按水平走向摆平，回土轻轻压紧，再覆土压实，埋深 3～5cm，整平穴面，浇足定根水。

（四）田间抚管

1. 灌溉与排水

定植后 1 个月内视天气情况适当浇水。在干旱季节，尤其在花果期，有条件的可进行淋灌，使林内相对湿度稳定在 80% 以上，否则对花果的生长发育有不良影响，甚至造成落花落果，导致减产。若遇暴雨或连降大雨，则要及时排水，长时间过大积水也可能造成落花落果。

2. 除草

幼株年除草 3 次，分别在 2 月、6 月和 9 月进行。成株在果实采收（6～7 月）后，以及花芽分化、孕育期间（11～12 月）进行松土除草。松土宜浅，同时不宜靠近株丛，以防损伤根状茎和嫩芽，株丛周围的杂草用手连根拔除。益智定植后 2 年内，每年中耕除草施肥 3 次，分别在 2 月、6 月和 9 月进行。投产后每年中耕除草施肥 2 次。第 1 次在收果后的 7～8 月，除草松土，割除老苗；第 2 次在 11～12 月除草，除草可结合施肥同时进行。有条件的多施有机肥。

3. 培土施肥

一般可在除草松土后进行。植后第 1 年每丛施尿素 20～30g，施后稍培土，第 2 年雨季结合除草施尿素每丛 30 ～ 60g，越冬前每丛施腐熟牛粪 5kg。第 3 年起为开花结果期，年施肥 2 次，6 ～ 7 月除草松土后在每丛周围沟施复合肥 0.1 ～ 0.2kg，越冬前每丛沟施腐熟的猪牛栏肥等 10kg 加复合肥 100g，并将植株周围的表土肥泥培于植株周围，以保护根状茎和笋芽生长。有条件的地方，在植株孕穗至花前，喷施 2000 ～ 3000 倍植物多效生长素，每 15 日 1 次，喷施 2 ～ 3 次，坐果后再喷 1 次。

4. 修剪割苗

为减少养分消耗，促进通风，催生新芽，在果实采收时或收获后将已结过果实的分蘖株及一些老、弱、病、残和过密分蘖株割掉。此外，在 3 ～ 7 月间萌生的分蘖株，因其不能在当年冬季或第二年春季开花结果，而又活不到后年的开花季节，也应将其割除。

5. 保果

在花苞开放期，下午或傍晚用 0.5% 硼酸或 3% 过磷酸钙溶液喷施叶面，可提高其稔实率和结果数。

（五）病虫害防治

1. 轮纹叶枯病

系真菌引起，为益智重要病害之一。高温多雨季节有利于该病害的发生，常年阴湿的地方发病尤重。幼苗期至结果期均可受侵染。在适宜条件下，病斑不断扩大，占叶面积的 1/3 ～ 1/2。重病株因大部分病叶变褐枯死而濒于死亡。主要症状为老叶先发病，病菌多从叶尖、叶缘侵入。病斑大，不规则形，边缘红褐色，中央灰褐色，其上有明显的、深浅褐色相间的、波浪状的同心轮纹及散生大量小黑粒，病斑外圈有明显的黄晕。防治方法：加强管理，施足肥料，排出积水，清除落叶，适当遮荫。可用波尔多液或百菌清、多菌灵等进行防治。

2. 烂叶病

苗期易发病，成龄植株较少发病。主要在嫩叶发病，初期病斑为淡绿色，烫伤状，后转为棕褐色至叶片枯萎。连续降雨或温度高、土壤湿度大易导致此病发生，植株过密也易发病。防治方法：加强水肥管理，增强植株抗病性；清除杂物，排出积水，增加通风和透光性。发病初期及时摘除病叶，严重时拔除植株并集中烧毁，在其周围撒施石灰粉进行土壤消毒。可用50%多菌灵可湿性粉剂800～1,000倍液进行防治，隔7～10日喷1次，连喷2～3次。

3. 日烧病

荫蔽度较低，或氮肥施用过多的植株，一旦受到强光照射就容易引起日烧病，又或干旱没有淋足定根水，或栽后降水少，遇上烈日暴晒，又未及时淋水。其症状为叶片脱水萎蔫，嫩芯芽枯焦，直到植株枯死。防治方法：主要是保证荫蔽度，在干旱季节则需要浇水，使土壤保持适当湿润。

4. 益智弄蝶

别名苞叶虫，以幼虫危害叶片，幼虫吐丝缀叶成苞，藏匿其中取食叶肉，使叶片呈缺刻状或孔洞状，影响植株叶片的光合作用。防治方法：人工除虫，摘除卷叶或捏死幼虫；虫害发生早期可用90%敌百虫800～1,000倍液喷杀，每周1次，连用2～3次。

5. 益智秆蝇

别名蛀心虫，幼虫孵化后从叶鞘侵入，吸吮芯叶汁液，使受害株枯心。对定植1～2年的益智危害较重。防治方法：幼虫期尽早用90%敌百虫800～1,000倍液防治，每隔7日1次，连续2～3次。

6. 益智桃蛀螟

桃蛀螟是食心蛀虫的一种，与同样俗称"蛀心虫"的益智秆蝇不同。该虫危害花果时，排出缀合的褐色颗粒状粪便，粘连的粪便在受害部位常引起腐烂、霉变,可造成落花落果或发育不良或形成残次果,部分果柄被蛀空导致果串折断,进一步造成后期落果。幼虫也可钻蛀益智地上茎秆,从顶部芯叶或茎秆任意高度随机钻入,钻蛀口或其下地上可见掉落的虫粪,幼虫在茎秆内取食中心幼嫩部分并形成蛀道,造成芯叶凋黄枯死。防治方法:除了常规的农业防治、物理防治、生物防治以外,化学防治按照相应说明书施用高效氯氰菊酯、杀螟松等均可。

四、益智采收

一般在5月底至7月初收获。当果实由绿色变成淡黄色,果皮茸毛减少,果肉带甜,种子呈棕色或棕褐色,嗅之有芳香,口嚼有姜辣味时可采收。

选晴天将果穗剪下,除去果柄,摊开暴晒,一般连续日晒4~6日即可,晒干用塑料袋包装待售;遇阴雨天及时用低温烘干。

五、其他

林下种植期间,橡胶园生产管理按常规进行,除草和覆盖可结合益智的管理进行。每年收获后刈割下来的老、弱、过密分蘖株茎叶也可用于橡胶树的压青或覆盖物。益智连续采收多年后,分蘖数和产量会明显下降,应将原植株挖掉重新种植益智,也可弃之不管让其自然生长,留作控制杂草或防止水土流失的材料等。

第三节　橡胶与砂仁复合种植

砂仁是"四大南药"之一，来源于姜科豆蔻属植物，以果实入药，种子含有挥发油、皂苷类、黄酮类化合物，具有化湿开胃、温脾止泻、理气安胎的功效。用于治疗湿浊中阻，脘痞不饥，脾胃虚寒，呕吐泄泻，妊娠恶阻，胎动不安。砂仁是药食同源植物，也可作调味料，用于去腥解异、赋味增香、开胃消食，可单独调味，或与其他香辛料配合使用，还可作造酒、腌渍菜和制作饮料等。我国砂仁主产云南、广东、海南、广西等地的热带及热带北缘地区。

根据《中国药典》2020年版，砂仁为阳春砂、绿壳砂或海南砂的干燥成熟果实，具同等药用。其中，阳春砂主产于广东省，以阳春、阳江出产的最有名，价格较高；绿壳砂主产云南南部临沧、文山、景洪等地；海南砂主产于海南。在海南，除了海南砂及少量阳春砂仁外，还有不少野生分布或农户自发种植的海南假砂仁，虽然其未被《中国药典》收录，但民间也常把它当作砂仁使用，且相对于其他砂仁，海南假砂仁的种植管理更粗放简单，无须授粉且结果量大，是热带林下优良的复合种植植物之一，故本文中也把橡胶林下种植海南假砂仁一并介绍。

砂仁喜有荫蔽的环境，在裸地种植或常有太阳直射的地方表现生长不良，而在较高荫蔽的林下仍然生长结果良好，故也曾作为一种重要的南药在广东、云南、海南、福建等地的橡胶林下推广种植。一般在常规种植形式的橡胶林行间间种2～3行，定植后2～3年开始结果，第4～6年进入盛产期，较大面积栽培的干果150～225kg/hm²，高产的达3,000～3,600kg/hm²，林下种植的生态及经济效益良好。同时，橡胶园每年可生产 4, 500 ～ 12, 000kg/hm² 不等的砂仁茎叶，可作为盖草材料用于橡胶压青肥，对维持和提高胶园土壤肥力有良好效果。此外，砂仁丛生植株稠密，除形成湿润的环境外，还具有良好的防止水土冲刷作用。因此，橡胶 – 砂仁组合不但可以提高土地利用率，增加胶园产出，还能充分利用林地的光能、水热能，大幅度改善林内生态环境，改善土壤理化状况。

一、砂仁生物学特性

（一）植物学特性

1. 阳春砂仁（*Amomum villosum* Lour.）

阳春砂又称春砂仁、春砂、蜜砂仁、土密砂等。植株高 1.5 ～ 3.0m。根状茎圆柱形，匍匐，有节，茎直立。叶互生，排二列，叶片披针形，长 20 ～ 35cm，宽 2 ～ 5cm，上面无毛，下面被微毛；叶鞘开放，抱茎，叶舌短小。穗状花序由根茎上抽出，球形，有一枚长椭圆形苞片，小苞片呈管状，顶端 2 裂；萼管状，顶端 3 浅裂；花冠管细长，先端 3 裂，白色，裂片长圆形，先端兜状，唇瓣倒卵状，中部有淡黄色及红色斑点，先端 2 齿状，外卷；雄蕊 1，药隔顶端有宽阔的花瓣状附属物；雌蕊花柱细长，先端嵌生两药室之中，柱头漏斗状高于花药，子房下位，3 室。蒴果近球形，不开裂，直径约 1.5cm，具软刺，熟时棕红色。内含种子 15 ～ 56 粒，黑褐色，芳香。花期 3 ～ 6 月，果期 6 ～ 8 月。与其他品种相比，阳春砂植株较高，茎秆较细，叶片稍窄，匍匐茎多，分株能力强，春笋多，壮株比例少、易倒伏；花芽分化较少，花在发育过程中枯死严重，只有 54% 的花序能开花。冬季部分植株受冻生长较差。春季叶枯病发病率高。

根据阳春砂的果型、株高等差异，又可分为 4 个类型。长果 1

号：植株较高大，果实长形，早熟。长果 2 号：植株中等高，果实长型，迟熟。圆果 1 号：植株较矮，果实圆形，早熟。圆果 2 号：植株较矮，果实圆形，迟熟。以长果 2 号优点较多，如株高和匍匐茎适中，农艺性状好，花芽多，每花序的花数量也多，果实大，品质好，果实含种子量多；特别是雌雄蕊与唇瓣的间距较宽，花粉量较多，且易散粉，故易于昆虫传粉，因而自然结果率较高。

与其他栽培砂仁相比，阳春砂仁一般要辅以人工授粉，否则自然结实率很低，此外，据海南多地试种，阳春砂在海南地区林下种植易出现开花少、成花困难。

2. 绿壳砂仁（*Amomum villosum* Lour. var. *xanthioides* T.L.Wu et Senjen）

绿壳砂仁与阳春砂主要区别为：叶线状披针形，叶舌长 4mm 左右；花序被绢毛，花药顶端附属物半圆形，两侧耳状；果坚硬，长椭圆形或球状三角形，直径约 2cm，绿色，具软刺；种子团干燥后，外多被一层不易擦掉的白霜。

植株性状表现方面，与阳春砂相比，绿壳砂茎秆较矮壮，叶片宽大，分株能力较弱，生笋较少，壮株比例比阳春砂多，抗倒伏；春季叶枯病发病率较低；冬季植株叶片仍较浓绿，抗寒性较强。绿壳砂花芽分化和花朵较多，分别比阳春砂的多，能开花的花序也比阳春砂多，结果、坐果率及产量均显著高于阳春砂和丰产型阳春砂。

3. 海南砂仁（*Amomum longiligulare* T.L.Wu）

多年生常绿草本，高 1 ～ 1.5m；具匍匐根茎。叶片线状披针形，长 20 ～ 30cm，宽 2.5 ～ 5cm，先端长尾尖，基部渐狭，两面无毛；叶舌披针形，长 2 ～ 4.5cm，膜质，无毛。总花梗长 1 ～ 3cm；苞片披针形，褐色；小苞片包卷住萼管；花萼白色，顶端 3 齿裂；花冠管较萼管略长；唇瓣圆匙形，白色，顶端具突出 2 裂的黄色小尖头，中脉隆起，紫色；雄蕊长约 1cm，药隔附属体 3 裂。蒴果卵圆形，长 1.5 ~ 2.2cm，宽 0.8 ~ 1.2cm，被片状、分裂的短柔刺；种子紫褐色，被淡棕色膜质假种皮。花期 5 ~ 11 月，果期 6 ~ 9 月。果实呈长椭圆形或卵圆形，有明显钝三棱，长 1.5 ~ 2cm，直径 0.8 ~ 1.2cm；表面棕褐色，被片状、分枝的短柔刺，基部具果梗痕；果皮厚而硬。种子团较小，每瓣有种子 5 ~ 17 粒；种子多面形，直径 1.5 ~ 2mm。气芳香，味淡。

与阳春砂的主要区别：海南砂叶片线状披针形，叶舌长 2 ~ 4.5cm；果实呈椭圆形，直径 1 ~ 1.5cm，具三棱，果皮厚而硬，淡棕色，具片状突起；种子团较小，气味较淡。海南砂对种植环境的要求较低，旺产期达 7 ~ 10 年，结实一般不需要人工授粉，但若想获得高产仍然建议进行人工授粉或于开花期在种植地中辅以吸引授粉昆虫的措施。

4. 海南假砂仁（*Amomum chinense* Chun）

多年生常绿草本，高 1 ~ 1.5m。叶片披针形或椭圆状披针形，长 16 ~ 30cm，宽 4 ~ 6cm；叶舌圆形，长约 3mm，红色，膜质；叶鞘有明显的方格状网纹。总花梗长 5 ~ 10cm，被宿存鳞片状鞘，花序头状，直径约 3cm；花萼管基部被柔毛，长约 1cm，顶端 3 裂；花冠管稍突出，裂片倒卵状披针形，顶端兜状，长 1.2cm，后方的 1 片较宽，宽 5mm；唇瓣近圆形，白色，中央黄色，有深红色脉纹，药隔附属体呈佛焰苞状；蒴果椭圆形，长 2 ~ 3cm，宽 1.2 ~ 1.5cm，被短柔毛、反片状疣刺。自然开花结果率较高，花期 4 月，果期 6 ~ 8 月。

（二）生长习性

砂仁在我国东南沿海、云南和东南亚的热带至热带北缘地区均有分布，但不同砂仁间的区域分布有差异，一般野生或栽培于林地偏阴湿之处。

若环境适宜，砂仁一年四季都能生长。砂仁实生苗高15cm、具10片叶左右时开始从茎基部萌发幼芽，幼芽伏地伸长成匍匐茎，匍匐茎顶芽萌发向上长成幼笋，幼笋生长成直立茎，完成第一次分生植株。第一次分生植株以同样方式分生第二次分生植株，如此不断分生第三次、第四次分生植株等。分株苗也以同样方式不断分生新的植株，形成砂仁株群。

种植后的前两年，砂仁分株快（海南假砂仁的分株速度相对较慢），适宜环境下每个母株一般可分生7～9次，合计分生43～46株，而相对母株会死亡6～7株。高温潮湿季节增生分株快，低温干旱季节增生分株慢。每年3～5月和10～11月是抽生新植株的盛期。进入开花结果阶段，分生生长逐渐缓慢，以后两年中每个母株只分生4～5次，新分株6～12株，相对母株死亡2～3株。新老植株不断更替保持砂仁株群稳定增长。

种植2～3年进入开花结果期。花序从匍匐茎节上抽出，每分株1～2个，多的3～5个。每个花序有小花7～13朵。在我国各产区，10月至翌年2月逐渐分化形成花芽，2～5月形成花序，4月下旬至6月开花。花一般早晨6时开放，8～10时大量散粉，下午4时左右凋萎，阴雨天可延长至次日凋萎。温度过高过低、昼夜温差过大会影响花的发育和受精结实率。砂仁的花药生长在大唇瓣里，柱头高于花药，花粉粒密生小肉刺，彼此粘连，花粉不能自然传播在柱头上，也不利于风和昆虫传粉，自然结实率很低，一般只有5%～6%，广东产区采用人工辅助授粉，云南产区利用传粉昆虫可提高产量，产量分别提高到225～375kg/hm² 和150～300kg/hm²。昆虫传粉须有丰富的昆虫资源，同时昆虫活动期与砂仁花期相吻合。传粉昆虫包括多种彩带蜂及排蜂、中蜂、无刺蜂、小蜜蜂等。

砂仁的雌蕊授粉5分钟后少数花粉粒萌发，3～5日子房膨大，形成直径 0.4cm 左右的幼果。砂仁花授粉后 15 日左右幼果小于 1cm，种子外胚乳尚呈液态，容易发生落果。落果率在广东产区高达 30% ～ 50%，云南产区为 2% ～ 20%，引起落果的主要因素是养分供应不足。花果期幼笋、幼苗过旺生长会产生严重落果。幼果期如遇连绵阴雨或大雨，阳光不足时，影响光合作用，加之土壤过湿或积水，砂仁根的通气组织不能充分发挥作用，也会产生严重落果。天气干旱，气温高，幼果水分缺乏，也会萎蔫落果。因此，幼果期要切实做好防旱、排涝及合理施肥控制幼苗生长的工作。25 日左右果实基本定型，形成外胚乳，不再增大。约 30 日形成胚和内胚乳。80 日左右胚珠发育形成种子。90 日左右果实成熟，即 8 ～ 9 月进入果实成熟期。

砂仁喜温暖湿润气候。阳春砂适宜年平均气温 19 ～ 22℃，22 ～ 28℃为生长适温，15 ～ 19℃生长缓慢，17℃以下不开花或开花不散粉，能忍受 1 ～ 3℃短期低温，–3℃受冻死亡；降水量在 1,000mm 以上、空气相对温度在 80℃以上。海南砂适宜年平均温度 22 ～ 30℃，22℃以下或 32℃以上开花不正常，25℃以上有利授粉，结果率高；年降水量 2,500mm 以上，年平均空气相对湿度在 80% 左右，土壤含水量 20% ～ 26%。怕干旱，忌水涝。

砂仁种苗喜漫射光，需要适当荫蔽。不同生育期所需荫蔽度分别为：幼苗期 70% ～ 80%，定植后 2 ～ 3 年为 60% ～ 70%，开花结果期为 50% ～ 60%。

二、砂仁品种及种苗繁殖方法

（一）品种

丰产型阳春砂是广西药用植物园从阳春砂中选育出的一个春砂新品种。其茎秆较矮壮，叶片宽大，分株能力较弱，生笋较少，壮株比例比阳春砂高,抗倒伏;较耐高温干旱,春季叶枯病发病率较低;冬季植株叶片仍较浓绿,抗寒性较强;花芽分化和花朵量大,明显多于阳春砂,能开花的花序也比阳春砂多,产量亦较高。此外还有其他一些区域地方品种,如黄苗仔、大青苗、春砂8号、春选1号等。

绿壳砂仁、海南砂仁、海南假砂仁目前尚未见权威发布经选育的品种,可采用当地主流栽培品种或野生引种。

(二)繁育方法

砂仁既可用种子繁殖,也可用分株繁殖。对于优良丰产型砂仁,为保持优良种性,建议采用分株繁殖。

1. 分株繁殖

选无病害、生长健壮、分生能力强、开花结果多的株丛,从中割取带有1~2条匍匐茎、3~10片叶、高50cm左右的壮实新株,或成熟株,剪去部分叶片与长根,直接用于林下定植,或先在育苗床、育苗容器中培育一段时间后再移栽林下。

2. 种子育苗

砂仁种子具有厚壁角质层的表皮细胞层,与油胞层阻隔,透气性差,加之通常成熟度不一致,导致发芽慢、发芽不整齐。日均温28℃条件下播后20日才开始发芽,甚至几个月才发芽。新鲜种子早播种,发芽率高;晒干则易丧失发芽力。

选择饱满健壮的果实,播前晒果2日,每天2~3小时,然后在30~35℃和一定湿度条件下沤果3~4日,搓洗去果皮,稍晾干,随即播种。需于翌年春播的可用湿砂储藏法进行保存。

播种量45~60kg/hm²。在高约5cm土床内先混入少量腐熟、细碎的有机肥,再铺上湿河沙。种子用30~40℃温水浸泡2~3日,其间常捞出拌动再放回浸泡,后捞出撒于沙上,再盖一层细砂，保持床面湿润。当幼苗具 1 ～ 2 片真叶时，即可移栽。

选择背风、排灌方便、土质疏松肥沃的砂壤土建设苗圃。先灭草，施过磷酸钙 225 ～ 375kg/hm² 与牛粪或堆肥混合沤制的有机肥料 15, 000 ～ 22, 500kg/hm²，深耕、细耙、作畦，畦高 15cm、宽 1 ～ 1.2m；搭好棚架。按行株距 20cm×20cm 进行移栽，淋水保湿，盖网遮荫，苗期的荫蔽度 70% ～ 80%，出圃前逐渐减少至 60% ～ 70%。当苗高 3 ～ 7cm 时进行间苗，去弱留强，使株间相隔 2 ～ 3cm。2 ～ 3 片叶时，用氮肥兑水淋施；当幼苗有 5 ～ 7 片叶至 8 ～ 10 片叶时，用氮肥或复合肥兑水淋施；10 片叶以后，每半个月或每月追肥 1 次，用氮肥或复合肥兑水淋施。之后每个月可根据小苗生长情况追施肥。每次施肥前需先拔除杂草。冬季和早春可增施腐熟牛粪和草木灰，以增强幼苗抗寒能力。有寒潮来时，在畦北面设风障和在田头熏烟防寒，或用薄膜遮盖防寒。苗高 50cm 以上可出圃定植。

三、砂仁林下种植技术

（一）林地选择

选择行间荫蔽度 60% ～ 90% 的橡胶林地，土层厚度 50cm 以上，最好是土壤肥沃、疏松、富含腐殖质的壤土、砂壤土或轻黏壤土，湿度大或有水源的山坡、山谷、平地橡胶园。此外，阳春砂和绿壳砂的种植地点一般还要求远离居民区，且传粉昆虫资源丰富的环境。黏土、沙土和干旱地区不太适宜间种砂仁。

（二）整地

种植前，先对离橡胶树 2m 以外的行间萌生带灭草，平缓地胶园撒施优质厩肥或堆肥 30, 000 ～ 60, 000kg/hm²、过磷酸钙

300～375kg/hm²，带状翻地，深30cm，整平。根据胶园行宽和林下种植株行距等要求确定拟起畦数量，按等高起畦，畦宽2～3m、沟宽35cm、深15～35cm，畦面整成龟背形。土壤比较肥沃、松软的胶园或坡地胶园可以免耕直接挖穴定植。在坡度较大的橡胶林下种植要注意防止水土冲刷流失。橡胶园内或附近有多花植物要作为蜜源植物保留下来，以利于授粉昆虫繁衍生息。

（三）大田移栽

在常规成龄橡胶林下种植时，砂仁与橡胶树间的距离一般大于等于2.5m，若在宽窄行、全周期间作模式胶园中间作一般要求距离橡胶树3m以上。

种植时间以春季3～5月、秋季8～10月为宜。

种植形式为（40～100）cm×（40～100）cm。种子苗密些，分株苗疏些。

定植宜选阴天或雨天进行。按预定株行距开穴定植，未施基肥的每穴施腐熟农家肥2～3kg、过磷酸钙20g，与表土混匀，回土半穴，每穴1或2株，再回土压紧；下苗时，分株苗的根状茎要按水平走向摆好，回土轻轻压紧，注意不要压断新生匍匐茎，让芽尖露出地面，再覆土压实，埋深3cm，穴面要平整，并浇足定根水，有条件的苗头盖草保湿。

（四）田间抚管

植后浇足定根水。植后1个月内应及时查苗和补苗。植后2个月内视天气情况适当浇水保成活。幼龄期土壤含水量需24%～26%；成龄期土壤含水量不宜低于10%。干旱天气要淋水，雨天注意排水，保持土壤湿润，避免积水引起根腐病。

幼龄期视情况每年除草5～8次，其中雨季每月1次。成龄期年除草 2 次，第一次在 2 月间，割除杂草、枯株和过多的幼笋，只留薄层落叶覆盖地面；第二次在秋季收果后即进行，割去病枯株和衰老株，病枯株要烧毁，杂草落叶可盖于地面，割苗要均匀，保持每平方米壮苗 40 ～ 50 株。也可采用化学除草剂除草，在无风的晴天直接喷洒杂草，喷洒时喷头一定要低，不可喷到砂仁植株上。

新种或幼龄期的砂仁第一年施肥 2 次，分别于 3 月上旬和 8 ～ 9 月进行，根据土壤肥力，第一次以农家肥为主，氮肥适量；第二次以有机肥为主，适量磷肥，混施。翌年 2 ～ 10 月施肥 2 ～ 3 次，2 ～ 3 月撒施农家腐熟肥、厩肥、有机复混肥等有机肥 15,000 ～ 30,000kg/hm^2；5 ～ 6 月，磷肥 300 ～ 375kg/hm^2、尿素 37.5 ～ 75kg/hm^2；8 ～ 9 月，火烧土 22,500 ～ 30,000kg/hm^2、草木灰 1,500kg/hm^2。在阴天、小雨天进行，并适当培土。定植 2 ～ 3 年进入开花结果期后，每年施肥 4 次，分别于 1 月上旬、3 月上旬、4 月下旬与 6 月上旬进行，第一次是攻苗肥，主要以有机肥为主，过磷酸钙适量；第二次是壮花肥，主要以沼液肥等沤制肥为主，并施适量尿素；第三次是根外追肥，主要是喷施叶面肥；第四次是保果肥，可用 2% 磷酸二氢钾喷洒果实。

绿壳砂及丰产型阳春砂因花果多，在花芽分化期、孕蕾前、开花前用 300 ～ 450kg/hm^2 过磷酸钙；4 ～ 11 月撒施复合肥 2 ～ 3 次，可结合除草、或采果后修枝进行，每次 150 ～ 300kg/hm^2，春季施偏氮复合肥，夏秋季偏磷钾复合肥。受雨水冲刷根部裸露时，在施肥后培上一层表土，其厚度以盖住裸露的根状茎为宜。

除海南假砂仁以外，其他三种砂仁花的自然授粉率相对偏低，尤其是阳春砂，人工授粉和培育昆虫授粉可大幅提高授粉率。阳春砂和绿壳砂在传粉昆虫较少的地方，需采用人工授粉。阳春砂仁花期在 4 ～ 6 月。初花期 5 ～ 10 日，开花占总花数的 10% ～ 20%；盛花期 15 ～ 20 日，开花占总花数的 60% ～ 80%，是人工授粉最佳时期；末花期 5 ～ 10 日，开花占总花数的 10% ～ 20%。盛花期花在早上 6 时开放，下午 2 时凋谢，花药散粉在上午 8 时至 10 时最多，应在此时进行人工授粉。可采用推拉授粉法，即用右手或左手的中指和拇指捏住唇瓣和雄蕊，并用拇指将雌蕊先往下轻推，然后再往上拉，将花粉塞进柱头孔。每天上午 7 时至下午 2 时均可进行。或采用抹粉法，即先用左手的拇指和中指夹住花冠下部，右手的食指挑起雄蕊，并将花粉抹在柱头上。注意，人工授粉时，要尽可能减少对匍匐茎的践踏。利用昆虫授粉的，要采取措施保护和引诱授粉昆虫以提高授粉率。在花芽分化以后，园内禁止喷打化学农药，在开花初期和中期，喷打硼肥、磷酸二氢钾、爱多收或甜味剂如白糖，吸引蚂蚁、蜂类等昆虫，以提高授粉率。排蜂和小酸蜂的授粉效果好。

在砂仁成花及开花期，干旱会严重影响最终成花结实，有条件的要及时给予浇灌。充足的水分（土壤含水量达到 22% ～ 25%）和养分有利于提高昆虫授粉率。据称，开花期，在种植区域的外围放些泡过老鼠药的死鱼，每亩放约 20 条鱼，不仅能防止老鼠破坏花朵，还能吸引昆虫爬动，利于授粉。另外，在成花开花季节，林地表面的树枝、树叶可能影响砂仁最终结实，因此，若枝叶量太厚，要视情况提前清理。

在花序未形成前，剪除枯、弱、病株及过密的春笋；在收果后也要剪除枯、老、弱、病株，但切勿剪除秋笋。对于病叶、枯株，剪除后集中烧毁。对连续结果多年，老苗多、壮苗少的砂仁园要重施有机肥和磷肥，2 ～ 3 年后可恢复生势。维持林地的荫蔽度，砂仁幼龄期保持 70% ～ 80% 荫蔽度，成龄期 50% ～ 90% 荫蔽度。

定植后前 2 年应勤除草、松土，以利前期生长，第 3 年起砂仁一般已封行，杂草较少，且一般杂草已难以跟砂仁竞争，同时为了尽量减少除草操作对林地的扰动，可不除草或视情况除草。

（五）砂仁病虫害防治

1. 苗疫病

发病初期，砂仁嫩叶叶尖或叶缘出现暗绿色，病部变软，叶片呈半透明水渍状下垂而黏在茎秆上。严重时，迅速蔓延至叶鞘和下层叶片，使全株叶片干枯而死。气温高、荫蔽度大、不通风、湿度大、低洼积水易发病。防治方法：育苗前用波美3度石硫合剂喷洒畦面；注意排水、通风、透光，花果期少施氮肥；3月和10～11月各施1次石灰和草木灰（1份石灰兑2～3份草木灰），225～300kg/hm²；发病初期及时剪除病叶集中烧毁，然后喷洒1:1:300波尔多液（注：硫酸铜1份，氢氧化钙1份，水300份），每10日1次；或喷洒50%甲基托布津可湿性粉剂1,000倍液，每10日1次，连续喷2～3次。

2. 果疫病

初病期，砂仁果皮出现淡棕色病斑，后扩大至整个果实，使之变黑、软、腐烂，果梗受害后呈褐色软腐状，在潮湿环境下，患部表面有白色绵毛状菌丝。多发生于高温多雨季节，植株密度大、荫蔽度高、低洼积水、养分不足情况下易于发生。防治方法：6～8月即雨季注意排出积水，增施草木灰、石灰，冬季及时清园，以增强植株抗病力；幼果期喷0.2%高锰酸钾液2～3次，控制病害的发生和蔓延；于采收前喷1:1:150倍波尔多液或50%甲基托布津1,000倍液，10日喷1次，连续2～3次；果实发病时及时采收加工，以减少病原菌传播。

3. 叶斑病

叶斑病主要危害砂仁叶片和叶梢。一般5～7月发病，初期叶片上出现绿色小点，逐渐扩大呈黄褐色水渍状病斑，病斑扩大，中央呈灰白色，边缘棕褐色；潮湿时，病斑生灰色霉层。病斑相互融合，使叶片干枯，严重时全株叶片枯死，茎秆也干枯。防治方法：采收果实后结合割枯叶老苗，清除病株并烧毁。保持适宜的荫蔽度，增施草木灰、石灰或过磷酸钙；冬旱期要适时浇水。发病初期喷50%甲基托布津1,000倍液或50%代森铵1,000倍液，10日1次，病害不再扩展时停止。

4. 黄潜蝇

危害砂仁幼笋，造成先端干枯，直至死亡。防治方法：加强水肥管理，促进植株生长健壮；及时割除受害幼笋，并集中烧毁；成虫产卵盛期时用90%晶体敌百虫800～1,000倍液，每隔5～7日喷1次，连喷2～3次。

5. 鼠类

鼠害是砂仁种植的重要危害，老鼠会偷吃砂仁的花及果实。应提前预防，防治方法有人工捕杀、毒饵诱杀等。

四、砂仁采收

一般果实成熟期在8月至9月。果实成熟时，果皮颜色由绿色变为淡黄色（绿壳砂）或红紫色（阳春砂、海南假砂仁）或深紫色（海南砂仁）。因果实成熟不一致，一般分批采收。其中，绿壳砂仁成熟后果皮易裂，故要及时采收。

采收时用剪刀剪取或手折断果穗梗，但勿撕破匍匐茎表皮。筛拣去泥土杂质，将果穗齐果处剪去果梗，按果大小和成熟度分级，然后尽快晒干。如遇阴雨天气则用"火焙法"烘干，进一步加工成壳砂、砂仁、砂壳。

壳砂加工，即将果实放竹筛内，用火烘至六成干，喷冷水1次，继续烘干或烘至八成干时倒入麻袋内，将口束紧，经12小时回润，再微火慢烘至全干。砂仁是剥去果皮的种子团，晒干或烘干即得，注意在晒或烘时，要轻翻动，防止散粒。砂壳是将剥下的果皮，晒干即得。

五、其他

林下间作种植期间，橡胶树施肥和割胶生产管理按常规进行，除草和覆盖可结合砂仁间作进行。有条件的，可在每年砂仁花果期（5～7月）采取修剪措施修去部分树冠，使胶园内荫蔽度下降至70%左右。每年收获后，对砂仁进行疏株修叶的茎叶（除病茎叶外）也可用于压青或作为死覆盖。砂仁收获后留下的草兜，可犁地翻起，也可弃之不管让其自然生长，留作绿肥材料等。

此外，砂仁种植4～6年封行之后，会往橡胶树方向分株扩张生长，可能会对橡胶树的割胶生产及日常管理造成影响，因此，每年可能需要对靠近橡胶树旁边的砂仁分株进行砍除或喷施除草剂1～2次进行灭除。但海南假砂仁因分株速度相对较慢且植株相对细矮，影响较小，一般该项操作的投入较少甚至无须该项操作。

第四节　橡胶与牛大力复合种植

牛大力别名猪脚笠、金钟根、山莲藕、倒吊金钟、大力薯等，为豆科攀缘性灌木，以根入药，主要成分为蛋白质、淀粉质及生物碱等。气味甘香，性温和，具有补虚润肺、强筋活络之功效。用于腰肌劳损，风湿性关节炎，肺热、肺虚咳嗽，肺结核，慢性支气管炎，慢性肝炎，遗精，白带等治疗。

牛大力分布于我国广西、广东、海南、福建、台湾、湖北、湖南，贵州、江西等省、自治区，虽然尚未被《中国药典》及《按照传统既是食品又是中药材的物质目录》收录，但作为典型的药食两用南药在我国岭南地区习用已久，并已开发出如牛大力煲汤料、牛大力酒、牛大力粉等系列产品。随着市场需求的不断增加，野生牛大力被大量采挖造成野生资源急剧减少，近些年来，牛大力市场价格行情持续看好，在广西、广东、海南等地已形成一定规范的人工栽培，其他原生分布省份也有少量引种栽培。

牛大力多野生于热带 – 亚热带地区的深山疏林中，偏喜光，但对光照条件的适应性较强。人工引种栽培结果表明，牛大力耐旱、耐寒，栽培管理较为粗放，在一定荫蔽的林下也能生长。在低荫蔽橡胶园中的试种结果表明，橡胶树和牛大力都生长发育良好，且牛大力作为药食两用药用植物和经济作物，具有较大发展潜力，亦是有良好发展前景的胶园间作组合。

一、牛大力生物学特性

（一）植物学特性

牛大力为豆科崖豆藤属植物美丽崖豆藤 *Millettia specisoa* Champ.，攀缘灌木，长 1 ～ 3m。根系向下直伸，长 1m 许，膨大根呈结节状，形态为球状、棒状、纺锤状和梭状，外皮土黄色，有环纹。幼枝有棱角，披褐色柔毛，渐变无毛，幼茎银灰色，茎呈深褐色，圆柱形。叶互生；奇数羽状复叶，小叶通常 6 对，圆形、长椭圆形或披针形，硬纸质，小叶长 4 ～ 9cm，宽 1.5 ～ 4cm，先端钝或急尖，基部圆形，叶色绿、深绿和黄绿，上面光亮，上、下面均生有白色短柔毛，叶柄和叶轴生短柔毛，托叶锥形细小。花两性，腋生或顶生，总状圆锥花序，长 20 ～ 30cm，花萼钟状，花梗和萼片密生褐色绒毛，花大，单生或 2 ～ 3 朵一组密集于花序轴的节上，花冠白色或米黄色，冠长 2 ～ 2.5cm，旗瓣基部有 2 枚胼砥体。荚果条状，长 8 ～ 21cm，宽 1 ～ 1.5cm，上密生褐色绒毛，果瓣木质，成熟裂后扭曲。种子 2 ～ 15 枚，圆形或卵形。

（二）生长习性

牛大力具有较旺盛的抽梢能力，其枝条在适宜气候条件下全年都可萌发新枝，以春秋两季萌发最旺，12 月中下旬及翌年 1 月份气温降低后，枝梢生长缓慢或停止生长。牛大力枝蔓大多数节上的芽呈休眠状态，但一旦枝蔓折断，或顶芽被虫咬伤、坏死，位于下方节位的芽即抽生新梢。单个枝梢在自然生长中可长达 2m 以上。适当修剪可促进根茎膨大及增产。

定植后经过约 2 周牛大力苗开始长出新叶，之后不断生长。新叶随新梢的伸长而不断长出，老叶随枝蔓的老化而老化。通常是先抽梢后展叶，夏季叶片从长出到成熟需时 7 ～ 10 日，冬季气温低，叶片从长出到成熟需时 15 日左右。

种植当年有少量植株开花，第 2 年全部植株开花。花由老熟枝梢的顶芽或其下的腋芽分化而成。重度修剪可使多数植株推迟开花结荚时间。牛大力开花多、花果期长、结荚果多，需要消耗大量的光合产物，进而影响根系的生长与膨大。

大多数牛大力实生苗的主根都可以膨大形成块根（俗称薯块），薯块直径为 2 ～ 6cm；多数实生苗只有主根 1 条可以膨大形成薯块，少数植株的主根有两节薯块，但一些牛大力实生苗的主根不易膨大形成薯块。牛大力组培苗和扦插苗种植一年多时已有多条根系膨大形成小薯。薯块为圆柱状或几个纺锤状体连成一串，浅黄色或土黄色，稍粗糙，有环纹。

牛大力叶片中的主要营养成分含量随着生长有较大的变化，在营养生长后期其叶片中氮素含量较高，进入生殖生长期后，氮素含量有下降，而磷素含量变化幅度不大，钾素含量稍有增加，到后期时钾素又降为营养生长后期时的含量水平。

野生牛大力生长环境一般年均温度 18 ～ 24℃、降水量 1,200mm 以上、日照充足；怕涝不怕旱，但是干旱时供水有助于生长；根深喜肥，尤以土层深厚肥沃、腐殖质丰富、疏松湿润、通气性良好的微酸性砂壤为宜。

二、牛大力品种及种植繁育方法

（一）品种

各地已选出多个地方品种，不同品种各有特点，可根据当地环境条件选用当地主流栽培品种种植，或少量引种外地新品种试种。

（二）繁育方法

牛大力种苗有种子苗、组培苗和扦插苗。种子苗若主根被截断后新发的细根不易膨大形成薯，易出现产量不稳定，需注意移栽时尽量不损伤根系。组培苗生长整齐，性状优良，根系数量较多，均能膨大成薯。扦插苗能保持母本的优良性状，一般 1 ～ 2 年就能形成量产，比实生苗长薯快、结薯多、品质好。

因种子苗培育操作简便，应用较广泛，本文以下仅介绍种子苗培育。

1. 种子育苗

于 10 月，采集充分成熟的荚果，干燥后取出种子，选取颗粒饱满、成熟、无损伤、无病害的种子。于 12 月底至 1 月初，将种子置于 55℃温水中浸泡 10 ～ 15 分钟，捞出在自来水中浸泡 7 小时左右，待种子充分吸水后，将种子捞出放入盆中，加入适量湿细沙搅拌均匀。细沙不能太细，湿度以手握成团触之即散为宜，用量以能和种子保持充分接触即可。搅拌均匀后,在上面再撒一层相同的细沙,厚度 2cm 左右,然后将盆置于温度稳定且通风的地方,待种子露白后即可用于播种。

选阳光充足、排灌方便、土层较厚,pH5.5 ～ 7.5 的红壤土或微酸性的砂壤土,坡度小于 15° 的缓坡地或平地,进行全垦,暴晒 20 ～ 30 日,清理树根杂草,撒腐熟的农家肥 30,000kg/hm²、磷肥 3,000kg/hm²,耙细整平,按宽 1.5m、高 30 ～ 40cm 起畦。播种前,撒施 1.8% 阿维菌素乳油、草甘膦和细沙混合物进行封杀性除草,杀掉根结线虫、蛴螬等地下害虫。并用 30% 噁霉灵 1000 倍液或甲基托布津 1000 倍液等杀菌剂喷洒苗床,15 日后可播种。

当种子萌芽时即可播种,播种时用相当于种子重量 0.3% 的瑞毒霉(甲霜灵锰锌)杀菌剂拌种,在畦面开 3cm 深的小沟,浇少量水,待水下渗后,按行距 25cm、株距 3 ～ 5cm 播种,然后覆土 3cm,用种量约 9kg/hm²。

播后及时浇水,之后浇水保持土壤湿润。播后 13 日左右出苗。当幼苗生长出 1 ～ 2 片真叶时进行间苗;长有 2 ～ 3 片真叶时,按苗距 7 ～ 10cm 进行定苗,去除弱苗、病死苗、劣苗及过旺苗。当苗高 10 ～ 15cm 时,选健壮、无病害、有 3 片以上真叶的苗木出圃移栽。

2. 袋苗培育

将透气、透水的壤土或微酸性的砂壤土装入直径 3 ～ 5cm、高 12 ～ 20cm 的营养杯或袋中,按横行 20 ～ 30 个杯(袋)排列放置于苗床上。在育苗基质上戳深约 2cm 的小洞,放入 1 粒已提前处理露白的种子,芽朝下,覆盖厚度 1cm 沙土,浇透水。畦面搭建高约 60cm 的塑料小拱棚,四周压实。整个育苗过程控制湿度在 80% 左右。当环境温度 >25℃ 时,揭去塑料小拱棚。苗高 10cm 时每 10 日喷施一次 0.1% 的复合肥水溶液。苗高 35cm 时,将主茎修剪至高

12cm，并剪去侧枝，苗期修剪 2 次。培育 6 个月后即可出圃。出圃前，先起苗后进行缓苗处理，即将种苗摆放于荫棚下或树荫下，用 500 倍多菌灵溶液喷施 1 次，出圃前 3 ～ 7 日控水炼苗。

三、牛大力林下种植技术

（一）林地选择

选择坡度较平缓（<15°）、土层深厚、土壤肥沃、质地疏松、土壤 pH5.5 ～ 7.0 的冲积土、砂壤土、红壤土或砖红壤土，几无遮挡的新建胶园或荫蔽度较低的幼龄、宽行橡胶林地，行间荫蔽度达到 60% 的橡胶林地也可种植，但牛大力长势较弱。橡胶树冠比较疏朗、土壤湿润、富含腐殖质的微酸性砂壤且排灌条件较好的胶园环境有利于牛大力生长结薯。积水低洼地、板结地块、土壤瘠薄或地下水位高（地下水位在 1.0m 以上）的胶园不宜间种牛大力。

（二）整地

在种植前对离橡胶树 3.5m 以外的行间萌生带进行灭草，施用腐熟的土杂肥 45,000kg/hm^2、磷肥 1,500kg/hm^2，然后深耕 40 ～ 60cm，清除园内树桩、树根、杂物等，让土壤充分暴晒。旋耕耙平，在离橡胶树 3.5m 以外开深约 50cm 水沟，在水沟之间起畦，拟间、套种牛大力的株行数要视胶园行宽而定，一般畦宽 150 ～ 200cm、畦高 30 ～ 50cm，畦沟接通外排水沟。在畦上按株行距 150cm × 80cm 或 100cm × 100cm，植穴长、宽、深约 40cm × 40cm × 50cm 进行挖穴，每穴施入腐熟基肥 6 ～ 10kg，与表土混合后回穴。坡度较大的胶园可以穴垦，灭草后，按 120cm × 120cm 株行距定点挖植穴，每穴下腐熟基肥 10 ～ 20kg。

（三）移栽

牛大力与橡胶树的定植距离要求 3m 以上。每年 3 月底至 4 月上中旬气温稳定在 20℃以上时可开展定植，具体定植时间宜选在午后或阴天定植。

种植前 7 ~ 10 日，可喷 1 次灭生性除草剂和萌前除草剂。

定植时，在畦面植穴处挖一个比营养袋稍大同深的小植洞，一手拿起营养杯（袋），另一手按住种苗两边泥土，将营养杯（袋）倒置，去除营养杯（袋），完整地将种苗连同育苗基质一起栽于植洞中，定植深度以回土高基质约 1cm 或平齐为宜。移栽后浇足定根水，后视情况每 2 ~ 5 日淋 1 次。有条件的地方可以采用滴灌方式浇水，先在畦面上预铺滴灌带，然后覆膜，根据土壤和天气状况适时供水保活。

（四）田间抚管

1. 除草

第一次在栽后 30 日左右，之后间隔 20 日左右进行第二次除草。可采用人工或喷施除草剂方式除草，如杀灭禾本科杂草可用盖草能 10mL 兑水 15kg 喷施地表，但喷施除草剂时要在静风天小心喷药，防止除草剂飘到牛大力植株上。当植株高 30cm 以上时已全部封行，可结合培土除草。

2. 施肥

牛大力施肥以基肥、有机肥为主，追肥、化肥为辅。种植后 1 个月左右，或有枝条抽出后，可开始追肥，施复合肥 15kg/hm²。定植后 3 个月左右，追肥总量为 300kg/hm²（可尿素、复合肥各 150kg 混匀），在每两株苗之间开沟或开穴施下，施后松土培土。定植 6 个月后，每株施厩肥、草皮灰 10kg，过磷酸钙 100g，硫酸钾 100g，将上述肥料混合，在植株旁开环沟或开穴施下，施后松土培土。以后每年修剪后沟施一次复合肥，每株150g。

3. 灌水及排灌

牛大力怕涝不怕旱。在幼苗期，若天旱可每天浇水1次。在生长前、中期若天旱可酌情浇水，保持土壤湿度即可；雨季要及时排水，畦沟不能有积水。

4. 修枝整形

根据种植目的进行修剪。若以采收种子为目的，采用控制顶芽为主辅以疏剪过密多余枝叶的方式：第一年当茎蔓每伸长20～30cm打顶一次（即摘去1～2cm的顶芽），一年3～4次，4～10月为最佳修剪时间；从第二年开始，按留壮去弱、留上去下、留疏去密的原则，剪去病、弱和过多的及生长过旺的枝条，同时进行疏花保果。若以收获根部药材为目的，一般一年修剪2次，在每年5～10月，花前期和幼果期各修剪1次，疏剪徒长旺长枝，也可以根据长势喷施多效唑以抑制其顶端优势，减少开花结实，控制植株高度，促进薯块增长。

5. 搭架

从第二年开始，可用水泥杆、竹竿或木杆支撑，搭建1.8～2.0m高的篱笆状或交叉状棚架，引蔓上架，形成新枝向上长、老枝下垂的树冠型，以增加通风透光促进植物光合作用，促进生长。

若仅考虑林下复合种植的综合效益，不以追求林下种植经济效益最大化为目的，采用粗放式管理的，也可以不搭架，在做好修剪及日常管理的基础上，任由牛大力植株在橡胶树行间自由生长。

（五）病虫害防治

牛大力成株一般不易染病，但高温多湿条件下可能会发生叶斑病，严重时引起叶片变黄掉落，可用 50% 多菌灵可湿性粉剂 +80% 代森锰锌各 600 倍液喷雾防治。线虫病和根腐病，影响植株正常生长，严重时甚至死亡。要定期扒开表土观察根部是否有线虫和根腐病，若发病可用淡紫拟青霉、阿维菌素等生物杀线虫剂兑水淋蔸或土施。另外，还可能发生根腐病，可用金吉尔灭菱等杀菌剂防治。偶有炭疽病、锈病、白粉病、根腐病等，发病后可用多菌灵 400 倍药液和甲基托布津 600～800 倍药液喷施防治。出现霜霉病和叶枯病时可用甲霜灵或叶枯灵 600～800 倍药液喷施。

牛大力幼苗易受鳞翅目害虫危害，可用蚍虫啉、辛硫磷、阿维菌素等药剂喷施防治。蚜虫可危害幼苗，除可用蚍虫啉、辛硫磷、阿维菌素等药剂喷施防治外，还可释放瓢虫等天敌，或用糖醋液（酒、水、糖、醋按 1∶2∶3∶4 配制）放入上端开口的容器内，于傍晚放在蚜虫大量发生处。牛大力成树的茎枝皮质比较坚韧，叶片表面蜡质层较厚，一般不容易被病虫害侵害，病虫害相对较少。

四、牛大力采收

牛大力种植 3 年后可采挖收获块根。过早采挖，单株产量低、价格偏低。一般最适采挖时期是在种植 5～6 年后，或大部分叶片变青黄后，选择晴天进行采收。在秋、冬和早春采收，品质最佳，同时可减少水土冲刷。

零星种植可采用人工采挖，规模化种植宜采用小型挖掘机等深翻采收。收获时，先从茎基部砍去地上部分，从其一侧开沟，当露出块根时，顺着块根挖起或拔出，抖掉泥土。注意尽量不要挖伤、挖断块根，外观质量对鲜薯价格有影响。

鲜食用的块根，抖去泥土，剪去须根后，尽快运到阴凉处，并根据块根的大小、长短分类堆放，或根据要求进行处理。药用块根要洗去泥土，切成长 4～9cm，宽 2～3cm、厚 0.5～1cm 的薄斜片，摊开在阳光下暴晒，晒干或烘干至足干。

有条件的在采收后可置于冷库中暂时储存，半个月内进行切片烘干、鲜切片真空包装、制作饮料加工等。

块根的横切面皮部近白色，其内侧为一层不很明显的棕色环纹，中间部分近白色，粉质，略疏松，气味微甜。以片大、色白、粉质、味甜者为佳。而老根近木质，坚韧，嫩根质脆，易折断。

五、其他

牛大力在橡胶林地种植期间，橡胶树生产管理按常规进行，但有条件的应采用养分诊断施肥技术进行施肥，或施用橡胶专用肥，不宜多施氮肥，同时禁止施入含重金属和有害物质的城市生活垃圾、污泥、医院的粪便垃圾和工业垃圾等废弃物。可根据牛大力生长对光照的要求对橡胶树树冠进行适当修剪，一般在早春对过于密集、重叠和外伸超出 4m 的枝条等进行短截，使园内荫蔽度控制在约 50%。牛大力修剪或收获时砍断下来的枝叶可作为橡胶树压青和覆盖材料。牛大力收获后，挖坑和堆土等以不妨碍割胶、施肥生产为宜。

牛大力枝蔓大多数节上的芽呈休眠状态，但一旦枝蔓折断，或顶芽被虫咬伤、坏死，位于下方节位的芽即抽生新梢，这一生物学特性对于栽培修剪有很大的影响，因为其植株修剪后能较快抽生很多新梢，造成养分消耗，从而影响块根生长，因此在修剪时注意和利用这一特性。牛大力是块根作物，不宜连作，以避免造成减产、多病等不良后果。

橡胶林地种植的牛大力达到采挖年限后，因故不采挖或延迟采挖的，除进行必要的修剪防止牛大力缠绕影响橡胶园生产及促进牛大力结薯外，可任其继续生长，即使橡胶树的荫蔽度已经上升到 70% 以上，牛大力植株仍然可以在林下存活多年，因此，利用牛大力控制橡胶园杂草及防止水土流失，同时有助于改善林下小气候。

第五节　橡胶与五指毛桃复合种植

五指毛桃又称南芪、粗叶榕和五爪龙等，为岭南常用中草药，以根入药，其性平，味甘、辛，有健脾补肺、利湿舒筋之功，用于脾虚浮肿、食少无力、肺痨咳嗽、盗汗、风湿痹痛、产后无乳等症。有关研究结果表明，补骨脂素为五指毛桃的主要活性成分之一，具有抗菌、抗病毒、抗凝血、抑制肿瘤、免疫调节等作用。此外，五指毛桃虽未列入国家卫生健康委、国家市场监督管理总局发布《按照传统既是食品又是中药材的物质目录》，而仅被列入普通食品名单，但因其独特的药用功效及类似于椰子香味的天然香气，而在我国岭南地区的广东、广西、海南等地被当作药食同源物质习用已久，既可直接药用，也广泛用于日常煲汤或药膳。

自然状态下，五指毛桃多生长于山谷、山坡灌木丛、溪旁或林中，随着人们大量采挖，野生五指毛桃已大幅减少。目前广东、广西、海南等地有一定面积的人工栽培。对橡胶林下的调查及相关试种研究结果表明，野生五指毛桃在胶园中分布广，在橡胶林下间套种植的表现良好，生长发育正常，病虫害较少，且适于较为粗放的管理，间套种植 2 ~ 4 年可以收获。但五指毛桃根系分布同橡胶树，因而存在与橡胶树水肥竞争矛盾，因此要随着五指毛桃生长量增大而增加施肥量，以减小对橡胶树生长、产胶的不良影响。橡胶－五指毛桃组合适宜于不同规模、不同水平的胶园间作。

一、五指毛桃生物学特性

（一）植物学特性

五指毛桃（*Ficus simplicissima* Lour.）属桑科植物，灌木或小乔木，高 1 ～ 2.5m，嫩枝中空，叶、小枝和榕果均被黄褐色硬毛，有乳汁。雌雄异株。叶互生，纸质，多型，长椭圆状披针形，狭或广卵形，长 8 ～ 25cm，宽 4 ～ 18cm，顶端急尖或渐尖，基部圆形或心形，常具 3 ～ 5 深裂片或有锯齿，有时全缘，腹面粗糙，基出脉 3 ～ 7 条，其上侧脉每条 2 ～ 7 条；叶柄长 2 ～ 7cm；托叶卵状披针形，长 8 ～ 20mm。花序成对腋生或生于已落叶的叶腋，球形，直径 5 ～ 10mm，顶部有许多苞片形成脐状凸体，幼时特别明显，基部苞片卵状披针形，被紧贴柔毛；总花梗长不过 5mm 或无；雄花生于花序内壁近顶部，具梗；萼片 4 片，紫色，线状披针形，长约 1mm；雄蕊 2 或 1 枚，花药长椭圆形，略扁，比花丝长；瘿花萼片与雄花相似；子房球形或卵形，花柱侧生，柱头漏斗形；雌花生于另一花序内，具梗或近无梗；萼片与雄花相似，但较狭，颜色也较淡。瘦果椭圆形，长约 2mm，直径约 1mm，有小瘤状凸起，一边微缺，与花柱贴着；花柱细长，柱头柱状。

（二）生长习性

喜湿润温暖环境，常见于热带、亚热带，多生于海拔 500 ～ 1,000m 的山坡林边或村寨附近空旷地。对土壤要求不严格，各种土壤类型均可生长，但喜土层深厚，腐殖质丰富，排水良好，肥沃疏松，保肥、保水能力较强的林地。

五指毛桃对光照的适应性较强，可在裸地生长种植，也可在荫蔽度较高的林下间种，但林下间作的生物量积累较慢。

　　五指毛桃在热带地区常表现为周年生长，不落叶或落叶不明显，一般在 5～10 月生长较旺盛，此时叶片粗大，节间较长。而在广东、广西较北等地，冬季五指毛桃可出现落叶，甚至在寒冬季节地上部会受寒害而出现枯枝。

二、五指毛桃品种及种苗繁殖方法

（一）品种

　　目前尚无商业品种。一般多采用深裂叶五指型或七指型的株系作为种苗。有研究表明，不同叶型的五指毛桃中补骨脂素含量有显著差异，其高低顺序为深裂叶型＞浅裂叶型＞全缘叶型。但也有研究认为叶型与补骨脂素含量无明确关系。在民间煲汤或药膳消费方面，深裂叶五指、七指型且根皮偏黄色的较受欢迎。

（二）繁育方法

1. 种子育苗

　　生产上一般以种子育苗。选取深裂叶五指、七指型且生长健壮、高产植株为母树。当果皮由青绿变紫红时，分批采收。果实采收后，用纱布包裹，用力搓烂果肉，后置于水盆中，肉经多次漂洗，分离出种子，稍晾干表面水分，即可播种，最好随采随播。种子采收后若不及时播种，会随着时间的推移发芽率下降，一般储藏六个月后发芽率下降约一半，同时发芽所需时间变长。

　　育苗地宜选向阳背风，土层肥沃、深厚、疏松，排灌方便的地方。播种前深翻晒土，后耙碎，起畦，畦宽 100～120cm、高 15～30cm，将腐熟有机肥均匀撒于畦面，施基肥量 15,000～22,500kg/hm²，再将肥料翻入土层与土壤搅拌均匀，平整畦面。

由于种子细小，宜拌适量细河沙或细土一起撒播于苗床上，播种后覆轻质土或草炭等基质，厚 2 ～ 3mm，盖塑料薄膜或草保湿，注意时时保湿。当气温低于 15℃，须搭棚覆膜增温。搭棚遮光，荫蔽度 60% ～ 70%。种子发芽出土时，揭去畦面盖草，及时除草。当幼苗长出第 2 片真叶时，可开始追施水肥，此后每月追施 1 次，肥料浓度可以适当提高。

种苗可直接培育裸根苗，也可在种苗长出 2 片以上真叶时移至育苗袋或穴盘进一步培育。也可以直接用育苗箱、穴盘等容器育苗。苗具 5 片以上真叶时可以移栽，但林下种植最好培育壮苗移栽。

2. 扦插繁殖

于雨季，从生长健壮、高产、无病虫害的母株上选取茎粗 1 ～ 2cm 的老熟枝条，剪成长 20 ～ 40cm，含 2 ～ 3 个腋芽的茎段，剪口斜剪约 45°，按使用说明配制生根粉液并浸泡插枝下部后，按行距 25cm 开沟，将插条相隔 4 ～ 5cm 斜摆于沟内，1/3 插条露出地面（含一个腋芽点），回细土，压实，淋足定根水，淋水应尽量避免淋到插条上端剪口，保湿。之后保持苗床湿润。当气温低于 15℃，须搭棚覆膜增温。搭棚遮光，荫蔽度 60% ～ 70%。当插穗长出 2 ～ 3 片新叶，可开始追施水肥，此后每月追施 1 次，肥料浓度可以适当提高。

移栽前 5 日揭去覆盖物，逐渐减少浇水。移栽前带土起苗，尽量不伤根，不伤皮。壮苗标准为苗高 30cm 以上，须根粗、长且多，无伤根烂根，茎段无折损，叶片厚、长且浓绿。

三、五指毛桃林下种植技术

（一）林地选择

选择行间荫蔽度 30% ～ 70%（如行距较宽的胶园、老龄胶园、风害严重的残缺胶园）、坡度小于 25°、土壤层厚度大于 60cm、土壤 pH4.5 ～ 7.0、排水良好且富含腐殖质的橡胶园行间林荫地。洼地、易积水、排水不利和荫蔽度太高的林地不宜种植。

（二）整地

种植前 1 ～ 3 个月，对离橡胶树 2m 以外的行间萌生带灭草，翻地，犁深应不小于 25cm，风化一段时间后，撒施腐熟农家肥 15,000 ～ 22,500kg/hm^2，再犁耙、整平。根据胶园行宽和间作种株行距要求确定拟间作行数，可起畦或不起畦种植。土壤较疏松肥沃的胶园也可不备耕直接穴垦种植。

（三）大田移栽

在常规橡胶园中间作种植，一般要求定植五指毛桃与橡胶树行之间距离要大于等于 2m，在宽窄行、全周期间作模式胶园则要求大于等于 3m。

种植时间，在海南和云南热区全年均可种植，最佳种植时间为雨季，如 7 ～ 9 月。广东、广西热区在秋冬季节不宜种植，可在 2 ～ 4 月，气温超过 15℃时定植。

定植在阴天或小雨天或土壤湿润时进行。经带垦的地块，先开穴，每穴施入复合肥 5 ～ 6g 或少量腐熟农家肥，回填少量泥土（以使苗的根系不与肥料直接接触），将苗小心放入穴内，每穴 1 株，将苗扶正后，回土压实，培土高不能接触到幼苗的绿色茎秆，淋足定根水，浇水时不能直接冲苗及其基质，以防幼苗倒伏和幼苗基质散开。有条件的可用稻草、芒萁、花生苗或地膜等覆盖畦面。

（四）田间抚管

在定植后的 1 个月内，根据土壤湿度和天气变化适当浇水。如遇晴天高温 3 日以上，需浇水 1 次，其他时间原则上不浇水。如遇雨天，注意排涝。生长期保持土壤持水量 25% 左右。

植后 3 个月内如有缺苗，应及时补上同龄苗木。

当杂草长出 3 ～ 5 片叶子时，可用 5% 精喹禾灵乳油兑水喷洒，如果每 20mL 加高渗增效剂 2mL，可提高杀草效率 40%。或用 6% 克草星乳油除草。五指毛桃长高后由于枝叶繁茂可抑制杂草生长，一般不需除草。若仍有杂草，可结合中耕施肥进行除草，首次在春末长新梢前，末次在越冬前进行。松土宜由外至内，外深内浅，防止伤根。

在定植后 1 月内，70% 以上幼苗开始长新叶，即可在雨天撒施 225kg/hm² 尿素。第一年和第二年每年 4 月中旬、6 月上旬、9 月，沿五指毛桃树冠外缘开长 20 ～ 30cm、深 10cm 肥沟或肥穴，施复合肥 1,500kg/hm²、过磷酸钙 750kg/hm²；入冬前，每株开沟施 1 ～ 1.5kg 腐熟厩肥、草木灰，厩肥与草木灰比例为 5∶1，然后培土。第 3 年施肥量增加约 30%。

（五）病虫害防治

五指毛桃抗病虫害能力强，一般不感病。偶有炭疽病、卷叶蛾、黏虫天牛侵害。发生炭疽病者，可及时把带病枝叶剪除并销毁，并喷 0.5% 倍量式波尔多液（注：硫酸铜、生石灰、水比例为 0.5∶1∶100），隔 7 ～ 10 日后再用甲基托布津 600 倍液喷洒 1 次。叶部有少量夜蛾类害虫危害，由于五指毛桃叶片多，一般不防治，严重时可用 2.5% 溴氰菊酯（敌杀死）1,000 ~ 2,000 倍液喷施防治。茎秆有天牛等钻蛀性害虫危害时，可用 2.5% 溴氰菊酯 800 ~ 1,500 倍液以棉球药塞入或注入受害植株茎秆上的蛀道内，并用黄泥等堵塞虫孔，或者人工捕捉。

四、五指毛桃采收

视生长情况，种植 2 ~ 4 年后可采收。全年均可收获，但尽量避免在雨季收获以减少水土流失。生产上以秋冬季节为佳，此时产量高、气味浓、质量佳。

收获方式有 2 种：①全部采挖，人工采挖或挖掘机采挖，以挖掘机采挖根系完整，质量好，效率高。②挖取植株 1/2 的根，即挖一边留一边的根，采挖时工具要消毒，保证无污染，植株挖取后应迅速培土施肥，加强管理，让基部萌发新根，2 ~ 3 年后可再次采收留下的老根，如此轮流采挖，这种方法虽然节省新种植的费用，缩短采收间隔期，但费时费力，不利于机械化作业。无论哪种采挖方式，均需注意尽量不要挖断、撕裂大根或损破根皮，否则将影响产品的后期切片加工，降低产品质量。

采挖后及时处理，把根部与地上部分开，清洗根部泥土杂质，然后按根的利用目的进行分级，作捆扎或切片或切段处理，并及时晾晒干透，或不超过 45℃ 的低温烘干，忌高温，否则香气严重损失。

五、其他

间作期间，橡胶园割胶生产管理按常规进行，除草和施肥可结合五指毛桃间作进行，但施肥量应随着五指毛桃生长量增大而增加。

第六节　橡胶与地胆草复合种植

地胆草（*Elephantopus scaber* Linn.），菊科地胆草属，又名草鞋底、苦地胆、苦龙胆草、铺地娘、地苦胆、地胆头、磨地胆、土蒲公等，系我国华南地区一味常用药。我国西南地区少数民族和东南亚、南美洲及非洲一些国家民间也有习用。

地胆草味苦、性寒，具有清热、凉血、解毒、利湿的功效。全草入药，治感冒、痢疾、胃肠炎、扁桃体炎、咽喉炎、肾炎水肿、结膜炎、疖肿等症。20 世纪 70 年代以来，美国、日本学者相继发现地胆草中含有抗癌活性成分倍半萜内酯和抗糖尿病活性成分黄酮酯类化合物，因而引起了世界各国学者的重视，此后的研究发现，地胆草有抗肿瘤、抗糖尿病、解热和降血压、保肝、抗菌等多种药理活性。目前，已有多个含地胆草的复方制剂应用于临床，如小儿肠胃康颗粒、尿清舒胶囊、清喉消炎颗粒、妇炎净颗粒、三金感冒片等。此外，因地胆草根系有独特香味及药用功效，在我国岭南地区被当作煲汤辅料广泛使用，以地胆草的根系再配合其他原料，做成的地胆头老鸭汤、地胆头鸡汤等传统靓汤颇受欢迎。

地胆草是一种较具开发潜力的传统南药，但目前其来源基本为野生采挖。本着合理保护与开发地胆草资源、提高橡胶林下土地利用率的目的，中国热带农业科学院橡胶研究所的科技人员经多年试验，总结出橡胶林下地胆草种植技术。

一、地胆草生物学特性

（一）植物学特性

直立草本，高 30 ~ 60cm，粗糙，被白色紧贴粗毛；茎 2 歧分枝，枝少而硬。叶大部基生，匙形或倒披针形，长 5 ~ 13cm 或更长，宽 2 ~ 4cm，顶端钝或急尖，基部渐狭，边缘稍具钝锯齿，茎叶少而小。头状花序约有小花 4 朵，复头状花序生于枝顶，排成伞房花序式，基部有 3 片卵形至长圆状卵形的苞叶，苞叶长 1 ~ 1.5cm，被粗糙毛；总苞长 8 ~ 10mm，总苞片椭圆形，顶端渐尖，有粗毛；花冠淡紫色，长 8 ~ 9mm。瘦果有棱，顶冠以 4 ~ 6 枚长而硬的刺毛。花期 7 ~ 11 月。

（二）生长习性

多年生直立草本，分布于我国热带、南亚热带主要省区，海南各市县均有野生分布。常生于开旷山坡、路旁、或山谷林缘，偏喜光也较耐阴，强光直射环境下植株地上部相对贴地、矮小。喜潮润、凉爽环境，具一定的耐旱能力。对土壤的适生性较强，在一般地力的土壤中生长良好。幼苗期生长缓慢，成株适应性增强。冬季地上部分回枯，翌年春天气转回升后从根茎处或主根抽芽继续生长。

地胆草植株在抽花之前，地上部均为紧贴地面的叶片，相对较矮，花序抽出后株高才明显增加。相对于野生地胆草，人工种植水肥较好的情况下，植株生物量成倍增加，株高可达 1m。

二、地胆草种植技术

（一）林地选择

适宜于平缓地或坡地，较为潮润、地力较肥或适中、微酸性的壤质土，荫蔽度不超过 60% 的幼龄橡胶园或宽行橡胶园。荫蔽度大的胶园不宜间种地胆草，否则株高秆细、分枝少、单产低、品质差。忌水位低、易积水、冲刷严重的林地。

（二）地胆草种苗

目前尚无商业品种，可野生引种。育苗方法一般用种子育苗或者分根繁殖。

种子育苗：播种前将种子翻晒 1 ~ 2 日，选择管理及排灌方便、地势平坦、背风向阳、土层较深、肥力较高、土质较疏松、湿润的地块作苗床，于 3 月中下旬播种，播前撒施腐熟厩肥或商品有机肥 15,000 ~ 30,000kg/hm^2，翻耕，耙碎，起畦，畦连沟宽约 1.3m，苗床面高 10 ~ 20cm。播种量 18 ~ 22.5kg/hm^2，与细泥拌匀后均匀撒播在苗床上，覆盖用腐熟厩肥、草木灰、细泥按 3∶2∶5 配比混合的细肥土 0.2 ~ 0.4cm 厚。用稻草或遮阳网等遮荫 4 ~ 7 日，于播后 10 ~ 20 日出苗。育苗期间注意保湿、除草。当苗长至 3 叶左右时进行 1 次间苗，间苗后可开始施水肥，每隔 7 ~ 10 日 1 次。也可直接准备多孔育苗盘，铺好基质后，直接在基质上播种，以培育带土的容器苗，利于后期移栽定植成活。

分根繁殖：挖取地胆草地下根茎，注意不要损伤萌芽，将根茎剪成带有 3 个萌芽以上的茎段，连同须根将其埋入经翻耕、施基肥、整地的苗床中，埋后注意保持土壤湿润，之后做好抗旱护苗、排水防渍、防除草害等工作。也可直接采挖地胆草植株，减去地上部分多余的茎叶后，直接栽种到已备耕好的橡胶林地中。

（三）整地

定植前先清除橡胶林下行间地面灌木、杂草等及其种子，再进行翻耕。胶树行间翻耕动土区与两边橡胶树距离至少 1.5m，以防伤及橡胶树大根。机耕深度以 25 ～ 35cm 为宜。在土壤较疏松、肥沃的林地，清理林地后无须翻土而直接平整备用。备耕整地要避开橡胶树行间施肥坑。有条件的，可在备耕整地过程中混施腐熟农家肥或有机肥作基肥。

（四）移栽定植

当种苗长至 5 ～ 6 张叶片后可开始移栽，林下种植以大苗壮苗移栽为好。

定植时，地胆草离橡胶树的距离应大于等于 1.5m。

定植方式：除可用种苗定植方式外，还可直接在林地中用地胆草种子点播、撒播等方式进行直播定植。

种植时间：用种子点播式或者种子撒播式等直播方式进行定植的，2 ～ 5 月播种为好；以种苗方式定植的，全年除冬季及干旱季节外均可，一般 3 ～ 7 月。

种植密度及方法：种子点播式的，按株行距（15 ～ 30）cm ×（15 ～ 30）cm 进行点种，点种时保证每植点有 2 ～ 4 粒种子即可，点播后覆少量薄土。种子撒播式的，以种子和干细沙土按约 1：3 的体积混合均匀后，均匀撒播，再覆少量薄土。种苗移栽的，包括实生苗和根茎段，按株行距（15 ～ 30）cm ×（15 ～ 30）cm 开小穴后定植，每穴 1 株，定植后回土压紧，浇定根水。

（五）抚育管理

灌溉：定植后每日浇水 1～2 次，连续 2～7 日，此后视土壤墒情及天气情况适时浇水，经过半个月到一个月，地胆草叶片将表现先偏黄后自然恢复转绿的过程，即成活。定植成活后一般无须再额外灌溉。雨后及时排掉积水。

间苗补苗：采用种子直播的，发芽的快慢受土壤水分状况影响较大，通常播种半个月后才陆续发芽，正常情况下发芽率在 70% 以上，为降低人工成本，一般不进行补苗、间苗；采用种苗移栽的，只要前期浇好定根水，成活率一般可达 90% 以上，定植后 1 个月内完成补苗。

中耕施肥：地胆草苗期对杂草的竞争能力较弱，要及时除草，定植后 1 个月左右开始注意除草，此后每隔 1 个月左右除草 1 次，直至封行。施肥以复混肥为主，一年施用 3 次，前期侧重氮肥，后期侧重磷钾肥，分别在 5 月、7 月、9 月施肥，每次 225～450kg/hm^2，在下雨前或雨后进行撒施，或兑水施用，有条件的可施用沼液肥、草木灰，或在畦面上施农家有机肥 22,500～37,500kg/hm^2 或商品有机肥 2,250～3,000kg/hm^2。

打花：不留作种用的植株，到 7～8 月植株抽出花枝时，可用打草机打掉花蕾，以降低消耗，集中养分供应地下根的生长，提高根部产量。

病虫害防治：在橡胶林下种植中偶见发生的病害有褐斑病、斑枯病，可用甲基托布津或多菌灵等药剂进行防治；害虫有花蕾蝇、蝼蛄、蚜虫等，可用吡虫啉、敌百虫等药剂防治。除化学防治以外，可通过种植地域、地块选择，优化园地环境，保护利用天敌，实行间套轮作，合理施肥等提高抗逆性，减少病虫害的发生。

三、地胆草采收

收获时间：地胆草为多年生宿根植物，全株入药。可在定植当年采收，或在种植 2～3 年后采收。全年均可采收，以秋分前后采收为佳，此时质量最好、产量高。以全草入药的，一般在抽花束前收获。兼顾采收地胆草种子的，在种子成熟后，先采收种子，这个过程中有少量种子抖落，这些抖落的种子留存在林地中，正好可以作为自然发芽繁殖的种子源，任其自然发育生长，可省去重新播种、定植的麻烦，依此类推，第一年种植后，此后每年采收种子时，掉落在林地里的种子均可作为来年自然发芽繁殖的种子源，一次定植连续多年收获。

收获地胆草时，若大雨后林地土壤疏松、湿度较大，可直接人工连根拔取。林地土壤较紧实干燥的，用锄头等工具连根采挖。收获时较弱小的植株当年可不采挖，留作下一年再采挖。采收后直接晒干抖去泥土杂质，或用水清洗后晾晒至足干。若单独利用地胆草根头的，从根茎处用剪刀把根部和地上部分开，剪断部位以根头不带绿色茎叶为准，根头晒干或清洗后晒干，除杂质，备用。

四、其他

林下种植期间，橡胶树的管理除按常规要求进行外，除草和覆盖可结合地胆草的中耕管理进行。地胆草尾茬收获后，可任其自然生长，不需另作处理。

第七节 橡胶与巴戟天复合种植

巴戟天是"四大南药"之一，其入药部分为干燥的地下肉质根。巴戟天的根呈圆柱形，略弯曲，具有补肾壮阳、强筋健骨、祛风除湿等功能，可用于治疗阳痿遗精、宫冷不孕、月经不调、小腹冷痛、风湿痹痛、肾虚、尿频、脚气等症。

据观察，野生的巴戟天长期伴生在原始森林和次生混交的杂木林中，为乔灌植物所荫蔽，是植物群落中的下层植物，曝光的平坦地带几乎没有发现。在自然植被的影响下，巴戟天形成较强的耐阴性能。在森林植被下，它不仅借助木本植物做柱体攀缘直上，争光生长，在没有柱体的条件下，也能匍匐地面，利用漫射光生长，所以，它能在高郁闭条件下与各种植物竞争。巴戟天茎蔓具攀缘性，但很少能爬上橡胶树，种植 2 年的巴戟天，平均每丛有 15 ～ 18 条蔓藤，每条蔓藤长达 120 ～ 170cm，每个节（节距 15 ～ 20cm）有一对叶子，按五次重叠，可覆盖面积 1.5m²，能形成良好的地面覆盖，减少水土流失；其肉质根主要分布在 50 ～ 60cm 土层，能利用较深层土壤的水分、养分，与橡胶树间的养分竞争较小。用茎蔓或块根繁育的插条苗种植，植后 5 ～ 7 年可以收获，橡胶园可生产干品巴戟天约 7,200kg/hm²，间作胶园的橡胶树茎围增粗量比不间种胶园大 11.4% 左右。因此，巴戟天可以与橡胶树间种。同时，巴戟天作为一种滋补品较具开发潜力，曾作为重要的间作物在广东、海南和福建等地橡胶林中推广种植。

因收获块根需挖土深 70 ～ 80cm，为防止伤及橡胶树根系，故巴戟天种植与橡胶树相距应 3m 或以上，且应避免在雨季收获，以减少水土冲刷。由于巴戟天生长习性是前期需要荫蔽，而能满足这种光照条件要求的胶园并不多，因此，橡胶–巴戟天种植组合在选择胶园时要注意。但若不以追求药材产量、经济效益最大化为目的，在荫蔽度不超过 60% 的橡胶林地中也能长期种植，只是产量及效益偏低。

一、巴戟天生物学特性

（一）植物学形态

巴戟天（*Morinda officinalis* How），为茜草科、巴戟天属植物。藤本，根肉质，粗厚，分枝，多少收缩成念珠状；小枝纤细，初时被广展或紧贴的短粗毛，后来由于被毛脱落后的遗迹而变粗糙。叶对生，膜质，长圆形，长 6 ~ 10cm，宽 2.5 ~ 4.5cm，顶端急尖或短渐尖，基部钝或圆，很少阔楔形，腹面初时被稀疏、紧贴的短粗毛，后毛脱落变无毛，背面沿中脉上被短粗毛，脉腋内有短束毛或全面几乎无毛，侧脉每边 6 ~ 7 条；叶柄长 4 ~ 8mm，被短粗毛；托叶干膜质，长 2.5 ~ 4mm，草黄色。花序顶生，单生或伞形花序式排列，由 3 至多个小头状花序组成，每个小头状花序直径 5 ~ 9mm，有花 2 ~ 10 朵，生于纤细、长 3 ~ 10mm、被淡黄色短粗毛的总花梗上；萼管半球形，长 2 ~ 3mm，顶部近截平或不规则分裂，裂片三角形，彼此不等长；花冠白色，长 3 ~ 4mm，盛开时长达 7mm，冠管喉部收缩，里面密生髯毛，顶部 4 深裂，很少 3 深裂，裂片短于冠管，长椭圆形，顶端钝而微凸尖，内弯；花柱 2 深裂，长约 0.6mm。聚合果近球形或扁球形，直径 6 ~ 11mm，成熟时红色。

（二）生长习性

分布于我国福建、广东、海南、广西等省、自治区的热带和亚热带地区，野生的巴戟天一般生长在山地疏、密林下和灌丛中，常攀于灌木或树干上。

巴戟天定植第 1 年生长主藤，叶片 7 ～ 10 对，生长量为 50 ～ 100cm，12 月后进入休眠阶段。第 2 年 3 ～ 4 月主藤继续生长（如受冻害则由侧芽萌新芽），同时从茎基部和主藤的节间抽生果枝。第 3 年 3 ～ 4 月从第 2 年的果枝节上现蕾，5 ～ 6 月为盛花期，11 月果实成熟。定植当年生的藤呈直立状，第 2 年起新长的藤呈倒伏状，互相缠绕攀缘。第 1、2 年主藤生长最快，3 年后分枝生长为主。藤条数、藤蔓长度的年生长有两个峰期，在 5 ～ 7 月出现第 1 个生长高峰，9 ～ 10 月为第 2 个高峰。但叶片生长随季节变化，一般春梢叶大而平展，纸质，短粗毛；夏梢叶呈长披针形，凹凸不平；秋梢叶小而厚，平展，叶脉上拱闭合似竹叶状。定植第 1 年以主根生长为主，长达 20cm、粗 0.2 ～ 0.5cm；实生苗 1 条主根，扦插苗 2 ～ 4 条主根。第 2 年春主根开始膨大，形成一次根，且长出侧根。第 3 年侧根开始膨大成二次根，新的支根吸收养分。第 4 年由第 3 年生的支根膨大成三次根，依此类推。由于巴戟天根部具有持续膨大的特性，所以随着年限的增加，根深与根幅的生长有一定的规律性，即一般前 3 年根深比根幅大，3 年后根幅大于根深。肉质根可深达 1m 以上。一般是藤茂根也茂，藤少根也少。

巴戟天喜温暖，怕严寒。年平均气温在 20℃以上，以月平均温度 21 ～ 25℃最适宜。小于 15℃或大于 27℃时植株成长缓慢，连续 3 日低于 5℃顶端枯萎，0℃以上地上部分枯萎但能安全越冬，−4℃的低温或反复霜冻，茎基部可能全部冻死，不再萌发；温度大于 32℃，植株生长受到影响，嫩叶、嫩芽及茎基部易灼伤，引起病害。地表温度持续高于 32℃，不利于巴戟天根的生长。

幼苗需较大荫蔽度（70% ~ 80%），但 3 年后生长肉质根时需要较强光照，以荫蔽度约 30% 较好，在 5 年后则可以在全光照下生长，但地表还需覆盖，因地表温度过高不利于肉质根生长。

年平均降水量 1,600 ~ 2,000mm、空气相对湿度 70% ~ 80%、土壤含水量 25% ~ 30% 巴戟天生长发育良好。水分太多，尤其是积水，会导致土地透气不良，并引起根部腐烂，甚至全株死亡。过于干旱，土壤含水量长期小于 20%，对生长也不利。

在疏松、深厚、具有一定肥力、pH5.6 ~ 6、有机质层厚的土壤中生长良好，钾肥和腐殖质较多的微酸性至中性土壤，有利于根的生长，产量高。土层瘦薄、易于板结的土壤和碱化土和菜园土，根生长不正常，呈扭曲盘曲状态，产量低。过于肥沃的稻田土、含氮素过多的土壤，会引起巴戟天徒长，根反而长得少，产量不高。

二、巴戟天品种及种苗繁殖方法

（一）品种

在生产上，根据巴戟天叶片的大小和形状，将巴戟天分为大叶种和细叶种。

1. 大叶种

叶片宽大，长 10cm 以上，宽 4cm 以上；叶面硬毛细而不明显。肉质根细长，肉薄，木质髓心粗，直径 2.5mm 以上，晒干率较低，4 ~ 5kg 鲜品可晒干品 1kg 左右。

2. 细叶种

叶片较窄小，长 6 ~ 12cm，宽 2 ~ 3cm，叶面硬毛粗而明显。肉质根肥大，肉厚，木质髓心细，直径 1.5mm 左右，晒干率高，3 ~ 4kg 鲜品可晒干品 1kg 左右，抗病性强，发病率低，适应性广。

目前栽培上细叶种应用较多。

（二）繁育方法

1. 扦插育苗

选择苗圃地。选择靠近水源，排水良好，土壤疏松，肥力中等，交通方便，荫蔽度大于等于 50% 的橡胶园或林荫地。

整理苗圃地。二犁二耙，耕深 30cm 以上，并将石砾、石头、树头、树根捡净，土块疏松细碎，然后起畦。在平地，苗床按照东西走向排列，畦高 20cm 左右；在缓坡地，苗床按照等高水平排列，畦高 15～20cm，畦面宽 1m，长 4～6m。起畦前，在苗圃上方开拦水沟。

剪取种苗。选择 3 年生的粗壮藤蔓，单节苗，蔓长 15～18cm，二节苗，选 2 个节长较短的藤蔓，留长 20cm 左右。剪蔓时上切口离上节 2cm，切口面倾斜 15°～25°，下切口倾斜 40°～50°，离下节 4～5cm。同时淘汰弱苗、伤苗，并按 100 株为一捆绑好，下端用 7：3 的黄泥牛粪混合浆液过浆，备用。

开沟插植。沟距 20cm，深 15～20cm，沟壁倾斜 60°～70°，株间距离 2～3cm。将苗蔓斜插于植沟中，1～2 片叶露出地面，培土压实并开出新植沟，边开沟，边摆苗，边回土、压实。种完一畦后淋透水，用芒萁等覆盖，荫蔽度达 70%～80%。

育苗管理。蔓苗插植后，45 日以内每天淋水 1 次；45 日以后，隔天淋水 1 次，60 日以后逐渐断水，但要保持土壤湿润。蔓苗长到 15cm 时，进行除草松土和追肥，育苗期追肥 3 次，施 10% 的沼液肥 7,500kg/hm^2 或含有 0.5% 的尿素、0.1% 过磷酸钙液肥 7,500kg/hm^2。苗蔓高 40cm 时，把尾梢紫红色部分掐断，促使分枝，缩短育苗期。其间荫蔽度逐渐降低到约 50%。

全年都可以育苗。育苗 3～6 个月，当地下根长到 15cm 时就可出圃移栽。起苗时勿伤根,起苗后用泥浆等浆根,并打顶,留地上3节。

2. 根头苗

采挖巴戟天时,将健壮植株的根头部(带有残根和部分藤茎)剪去部分藤蔓,保存在遮荫处待种植。

3. 直插苗

于清明至谷雨间直接剪蔓种植。选择2~3年的粗壮藤茎,剪去过嫩过老的部分,再剪成长约25cm的插条(每枝插穗须有3~4个节,两端须留有节),用黄泥混牛粪(比例为7:3)浆切口,晾干待种植。

三、巴戟天林下种植技术

(一)林地选择

宜选择行间荫蔽度不超过60%的橡胶园,如幼龄胶园、行距较宽的胶园、透光性较好的老胶园、风寒害较重的胶园,平缓地或坡度不超过25°的坡地,土层厚度100cm以上,土质疏松肥沃、排水良好的微酸性黄壤土和砂质壤土。其中,以荫蔽度逐年减少的胶园为最宜。低洼、积水和土壤瘠薄的胶园不宜种植。

(二)整地

宜在定植前整地。一般于秋末,对离橡胶树3m以外的行间萌生带灭草,然后翻土深约30cm。在翌春种植前,施用腐熟农家肥或腐熟火烧土22,500~45,000kg/hm²、过磷酸钙1,500kg/hm²,再犁耙混合。根据橡胶园行宽、间作种株行距要求等确定拟起畦数量,按等高起畦,畦宽0.7~1m。土壤疏松的橡胶园可作穴垦但需开排水沟,即按株行距40~50cm,挖深25cm的植穴,将基肥(每穴有机肥 1kg，火烧土 1kg）施入植穴中，回土，以备种植；在地块外开环沟，在地块内开纵横交错的二级排水网沟。

（三）大田移栽

巴戟天与橡胶树的定植距离要求大于等于 3.0m。

定植按行距 30 ～ 50cm 开沟，沿等高线开沟深约 25cm，株距 20 ～ 40cm，倾斜 60° 并使根系展开，逐株排苗。或按株行距要求挖穴定植，每穴 2 ～ 3 株（根头苗、插条苗 3 ～ 4 株）。苗根入土深约 20cm，2 ～ 3 片叶露出沟顶，回表土并压实，淋足定根水。定植时尽量不要弄伤肉质根。光照条件好、坡度大的适当密植，林地荫蔽度大的适当疏植。地力差些的、直插苗的应适当加大种植密度。也有按行距 20 ～ 30cm、株距 10 ～ 20cm 密株种植的。

全年各月份都可定植，但季节不同移栽的效果不同。一般在清明节前或在 9 ～ 10 月定植。海南比较适宜在 10 月至翌年 1 月定植。定植一般在阴天或小雨天进行。当天起的苗应于当天种完。

（四）田间抚管

定植后 1 个月内，要注意淋水保持土壤的湿度，1 个月以后，可以逐渐断水。成活后除非遇连续干旱天气，一般不需再灌溉淋水，且雨后注意排水。有条件可以在植株旁盖草，厚约 10cm。定植后 1 个月内应查苗、补苗。

定植后 1 ～ 2 年内需要遮荫，荫蔽度 50% 以上。定植后前 2 年，每年人工除草 2 ～ 3 次。巴戟天根系浅而质脆，锄头除草容易伤根，导致植株枯死，且易引起病害侵染，因此，除草，尤其是巴戟天植株四周的杂草宜用手拔除。可结合除草进行培土，确保根部不露出土面。

在苗长出 1 ～ 2 对新叶时，可开始追肥，施稀沼液肥或 0.5%

的尿素液肥，往后每季度追施尿素 75kg/hm² 左右，地湿时撒施，每年撒施有机肥（土杂肥、腐熟火烧土、腐熟肥＋过磷酸钙、草木灰等）15,000～30,000kg/hm²。忌施硫酸铵、氯化铵、猪尿、牛尿。如土壤酸性较大，可施用适量石灰进行调节。

若藤蔓过长，尤其 3 年生植株，会影响根系生长和物质积累，可在冬季将已老化呈绿色的藤蔓适当剪去部分，保留 3～5 条呈红紫色的幼嫩茎蔓，促进植株及根系的生长。此外，要及时剪掉枯蔓等。

（五）病虫害防治

1. 茎基腐病

在施用氮肥过多或长期阴雨潮湿的天气、土壤排水不良时容易发生。多在 2～3 年生的植株上发生。气温上升到 15℃以上时易发，5 月中旬至 10 月下旬为高发期。防治方法：不与花生、黄豆间种，除草时避免伤及根系，及时排涝；增施磷钾肥和 1:3 的石灰火烧土混合剂；用石灰调节土壤酸度，减轻病害发生；发现病株连根带土挖掉，并在坑内施放石灰杀菌，以防病害蔓延；在病害始发期，可用 60% 多菌灵 800 倍液喷施茎基部或浇灌 1 次；发病后可用 1 份石灰和 3 份草木灰混合施入根部，或用 1:1:（140～200）的波尔多液、代森锌 800～1000 倍液喷施，每隔 7～10 日喷 1 次，连续 2～3 次。

2. 紫纹羽病

在局部地区造成严重危害。受害病根表面呈紫色，当被深紫色短绒状菌丝体包围时，皮层即腐烂，极易剥落；木质部初呈黄褐色，湿腐。土壤潮湿或排水不良有利于病原菌的滋生。防治方法：引种健康苗木，注意排水，保持植株旺盛生长。发现病株及时挖出并烧毁；病株周围土壤用 20% 石灰水浇灌消毒；对新垦地要清除树根和枯枝落叶等杂物。

3. 轮纹病

此病在高温多湿、通风条件不良时发生。病株叶片穿孔，枯黄脱落。防治方法：在病发初期及早摘除病叶并烧毁，或用代森锌600～800倍液，10～15日喷1次，连续1～2次。

4. 烟煤病

主要危害叶和嫩枝。其发生与蚜虫、介壳虫、木虱等有密切关系，害虫越多，病情越严重。防治方法：应及时消灭害虫；用木霉菌制剂进行生物防治；发病后可用0.13～0.5波美度石硫合剂喷施。

5. 蚜虫

危害春秋季抽发的新芽、新叶。防治方法：用吡虫啉或烟草配成烟草石灰水喷施。

6. 介壳虫

成虫、若虫吸食茎叶汁液，并可引起煤烟病。防治方法：蚧必治750～1,000倍液喷施。

7. 红蜘蛛、粉虱、潜叶蛾

红蜘蛛可用73%克螨特乳油1,000～1,500倍液、25%灭螨猛可湿性粉剂1,000～1,500倍液喷杀；粉虱、潜叶蛾可用吡虫啉液喷洒杀灭。

8. 巴戟天根结线虫病

发病较为普遍，危害较缓慢。植株受害后生长不良，地上部分逐渐凋萎甚至枯死。根部受害后，主根和侧根上形成大小不等，表面粗糙的圆形瘤状物。主要是通过种苗、肥料、农具和水传播。防治方法：杜绝浸染来源，加强苗木检疫，淘汰病苗；育苗以生荒地为好；种植地要选较好肥力的红壤或黄砂壤且未种过其他作物的橡胶林地。

四、巴戟天采收

巴戟天一般在定植后 4 ～ 7 年收获。全年均可进行采收，但以秋冬季为佳。同时要减少因挖地引起的水土流失。收获时挖土深70 ～ 80cm，将根部挖出，随即抖去泥土。挖根时尽量避免挖断根和弄伤根皮。如果不留作根头苗，则剪掉侧根及芦头，晒至六七成干，肉质根变得柔软时，用木槌轻轻将其捶扁，切勿打烂捶裂，然后以 10 ～ 12cm 长为一段剪断，按粗细分级，分别晒干后即成商品。

五、其他

间作期间，橡胶树施肥和割胶生产管理按常规进行，除草和覆盖可结合巴戟天间作进行，但在巴戟天间种 3 年时起，有条件的可修剪去部分橡胶树树冠，使园内荫蔽度下降至约 50% 以下。要避免在雨季收获以减少水土流失。收获后的茎蔓可用于压表或覆盖根盘。

第八节　橡胶与草豆蔻复合种植

草豆蔻，又名草蔻、豆蔻、草蔻仁等，是一种重要南药，以其果实入药，海南为我国草豆蔻的道地产区之一，出产的草豆蔻相比于其他产区有一定的价格优势。草豆蔻种子挥发油含量约 1.5%，主要化学成分包括种山姜素、豆蔻素等萜醇类、倍半萜烯类。性温、味辛，具有温中燥湿、化湿消痞、行气健脾之功效，主要用于治疗湿浊中阻，不思饮食，温湿初起、胸闷不饥，寒湿呕逆，胸腹胀痛，食积不消等病症，也可用于煲汤、佐料等。此外，草豆蔻茎秆纤维素含量占茎秆总干物重的 50% 以上，是优质长、中纤维，韧性大、通透性能好，可制作保健产品和工艺品或造纸等。

草豆蔻是典型的热带多年生草本植物，常见于山坡草丛、灌木林缘或林下山沟湿润处。云南西双版纳和河口地区曾引种草豆蔻于橡胶园种植。笔者在海南儋州地区宽行橡胶园内间种草豆蔻的初步试验表明，草豆蔻在胶园林下间种表现良好，生长发育正常，未见明显病虫害，第 3 年可开花结果。利用橡胶林地种植草豆蔻可以提高土地利用效益，且能有效控制杂草滋生，提高胶园湿度，有利于提高植胶生产效益，同时，草豆蔻生物量较大的橡胶园间作物，在橡胶林地中种植还有助于提高单位面积橡胶林地的固碳能力。

一、草豆蔻生物学特性

（一）植物学形态

草豆蔻（*Alpinia katsumadi* Hayata）为姜科山姜属多年生草本植物，茎丛生，株高 1 ～ 3m。根状茎粗壮，棕红色。叶片窄椭圆形或披针形，长约 60cm、宽 9 ～ 15cm，顶端尾状渐尖、基部楔形，边缘疏生长硬毛；叶柄长 1.5 ～ 2cm，叶舌长圆形，被长硬毛；叶鞘膜质，开放，抱茎。总状花序顶生，长 20cm，密生粗毛，花有苞片，花白色，内面稍带淡紫红色斑点；蒴果圆球形，直径 3.5 ～ 4cm，外面密生粗毛，成熟时黄色；种子团呈类圆球形或略呈钝三棱状，长 1.5 ～ 2.5cm，直径 1.5 ～ 2mm，种子呈长圆状或卵状多角形，长约 4mm，一面有纵槽。花期为 5 ～ 6 月，果期为 6 ～ 9 月。

（二）生长习性

分布于我国海南、广东、广西、云南等省、自治区热带或热带北缘地区，多生于山坡杂灌丛中及山沟阴湿处，或次生林下。喜温暖湿润半荫蔽环境。以年平均气温 18～20℃为适温，当气温低于 0℃时，叶片受冻害。种子发芽温度在 18℃左右，当月平均温度下降到 15℃时，种子停止发芽。怕干旱，以年降水量1,800～2,300mm 为好，但开花季节若雨量过多，会造成烂花落花、成果率低甚至不结果。若遇上连续天旱，花多数干枯而不能坐果。

草豆蔻对光照的适应性较强，在无遮挡烈日直射的区域，草豆蔻叶缘会出现枯焦整体偏黄，但一般仍可正常生长及开花结果；在荫蔽度较高的林下，也常见正常开花结实的植株，但一般分株数及生物量偏低，以荫蔽度 30%～60% 为宜。

对土壤的要求不严，土层深厚、腐殖质丰富和质地疏松的微酸性砂质壤土且较湿润的地方最适合其生长。

草豆蔻一般在种植后第 3 年开花结果。草豆蔻上午 7 时以后开花，8 时后陆续散粉，10 时花粉达到成熟，自然结果率仅为开花的19.4%～33%。自然条件下草豆蔻存在传粉者不足而结实率偏低的现象。果实每年 8 月左右果实成熟。

二、草豆蔻品种及种苗繁殖方法

（一）品种

草豆蔻与白豆蔻、红豆蔻有区别，与肉豆蔻等属不同科属。当前尚无草豆蔻商业品种，生产上一般选用当地高产优株的种子育苗或分株育苗。

（二）繁育方法

1. 种子繁殖

选择 5～10 年生、健壮且高产的株丛作为采种母株，待果实充分成熟时（8 月初至 9 月），采摘饱满且无病虫害的果实，先将果皮剥去，洗净果肉，用清水浸种 10～12 小时，然后再用粗沙与种子混合，充分搓擦至擦破假种皮；或用 30% 的草木灰与种子团拌合，使种子团搓散，除去表面胶质层，将种子晾干后直接播种，或保存至翌年春季播种。但长时间保存会降低种子发芽率，同时发芽所需时间加长。

播种前催芽，如种子量少，可与种子 4 倍的湿沙混合后置于盆中，经常保持湿润，在 30～35℃气温下约 10 日即可出芽点，此时可取出播种。

选择靠近水源、土壤肥沃疏松、排水性能良好的地段建苗圃。先翻土，清除草根石块，细碎土块，将腐熟干牛粪与表土充分混合，耙平后起畦，畦宽 1～1.5m，沟宽 40cm。按行距 10～20cm进行条播，播种后盖细土或草木灰厚约 1cm，用稻草等覆盖床面，淋水保湿，并搭棚遮荫，使苗床荫蔽度在 50%～70%。20～30 日开始萌发出土，出苗时揭去盖草，出齐苗需 40～60 日。当幼苗生长 1～2 片叶时，可移至育苗盘或育苗袋中继续培育；具 2 片叶时，可开始追施肥，可施少量草木灰、复合肥水或淡沼液等，以促进幼苗生长；5～7 片叶时，植株开始分蘖；至苗高 30cm 以上可出圃定植。苗期抚管要注意保持土壤湿润，随时清理落叶，拔除杂草。容器苗起苗前应注意种苗是否已串根至外面，有串根的应提前处理。起苗后要将苗木存放在荫棚内，以防止烈日暴晒。

2. 分株繁殖法

2～4 月，选择高产、健壮、无病虫害的母株，在根茎新芽萌

发但尚未出土之前，从中选取抽生 1～2 年、健壮、完好、未结果
实的分蘖株，剪取其根状茎。一般每一根茎上具有 2～3 个地上茎。
将根茎截成长 7～15cm 的小段，每段应有至少 3 个芽点。生长茂
盛的两年生株丛，一般可取 8～10 小丛作种苗用。截取的芽根栽于
苗床中培育，待新芽出土后可出圃定植。也可挖取根茎后直接定植
到林地。

三、草豆蔻林下种植技术

（一）林地选择

选择行间遮蔽度不超过 60% 的橡胶园，气候温暖湿润，雨季
长、雨量充沛，疏松肥沃的砂质壤土林地。若荫蔽度过大，不利
于开花结果，产量较低。年雨量少、土壤贫瘠和重黏土的不适合
种植。

（二）整地

定植前，对离橡胶树 3m 以外的行间萌生带灭草，翻土深
20～30cm，施下腐熟厩肥 30,000～60,000kg/hm^2 作基肥，再犁
耙 1 次。根据橡胶园行宽、荫蔽度、间种株行距要求等确定拟起
畦数量，按等高起畦，畦宽 1.2～1.5m，畦高 15～20cm，畦沟宽
30cm，四周开沟并与外沟连通。在畦上按株距 2m×（2～2.5）m，
植穴规格按 50cm×40cm×30cm 左右挖穴，每穴施入腐熟厩肥
5～10kg 并与土拌匀，回土待植。

（三）大田移栽

草豆蔻的定植距离要求距离橡胶树 3.5m 或以上。
种植时间宜在早春或 4～10 月间，阴天或阴雨天定植最佳。

每穴种植种子苗 1 ~ 2 株,分株苗 1 丛,苗的根状茎按水平走向摆好,回肥沃细土轻轻压紧,再覆土压实,埋深 3cm,穴面要平整,淋足定根水。定植后若遇干旱天气,应浇水盖草,以提高成活率。

(四)田间抚管

定植当年中耕除草 2 ~ 3 次,及时拔除杂草、割除枯残茎秆,若植株生长密度过大应进行疏枝,注意不要伤及新抽生的分株及幼芽。同时结合中耕除草施肥 2 ~ 3 次,开环状沟施厩肥或复合肥。植后 1 ~ 2 年封行,此后不需除草。在开花前要注意薄培土,以利于幼芽和根系生长。

栽后约 1 个月,施薄沼液 22,500 ~ 30,000kg/hm^2。每年追施 2 ~ 3 次经充分腐熟的农家肥 22,500 ~ 30,000kg/hm^2,另在每年 4 ~ 5 月及 7 ~ 8 月各施磷、钾肥 1 次。开花结果期间停止施用氮肥,改用促花促果的磷肥、复合肥、火烧土等。常用的化肥主要有过磷酸钙,450 ~ 600kg/hm^2,复合肥 600 ~ 750kg/hm^2。开环状沟施厩肥或复合肥。另外可用 2% 过磷酸钙水溶液作根外追肥。

在开花期间放养蜜蜂,招引昆虫可提高授粉率,也可在上午 8 ~ 12 时进行人工授粉,具体方法是用竹签挑起花粉涂在漏斗状的柱头上即可,花粉多时挑 1 朵花的花粉可授 2 ~ 3 朵花。另外,在孕穗期喷施硼肥(0.15%)、磷肥(2%),有助于提高产量。

如抽蕾期至成果期遇上连续干旱天气应及时灌溉,雨水过多时应注意排水。如橡胶园荫蔽度过大,应适当修剪橡胶树冠,使其荫蔽度常保持在 60% 以下。收获后,要及时剪除枯、弱、病残株,密度过大的剪去弱株,清理园地,在夏秋季节采果后还应适当培土,在冬季要注意清洁田园,保持地块土壤干净整洁,以减少病虫害的发生。

（五）病虫害防治

1. 立枯病

此病危害草豆蔻幼苗，严重时会造成幼苗成片倒伏死亡。防治方法：发现病株应及时拔除，周围撒上石灰粉或用50%多菌灵1,000倍液喷施或浇灌。

2. 叶斑病

该病危害叶片，造成叶片残缺不全，影响植株正常生长，进而影响药材质量和产量。防治方法：①冬季注意保持田园清洁，发现病叶、枯残茎秆及时清除，集中烧毁，严格防止病害蔓延。②对已清理过的病株，用1∶1∶200的波尔多液进行喷洒防治。

3. 大草蔻炭疽病

该病危害草豆蔻果实，在果实由青转黄逐渐成熟时危害较严重。病菌主要以菌丝形式，经风雨传播。发病高峰期为每年的6月、7月和9月初。防治方法：①整地时要做好清理，必要时进行土壤消毒。②在采收果实后，及时剪去带病组织，集中烧毁，并喷洒甲基托布津等高效低毒农药，杜绝传染源。③在易发病季节，喷洒50%甲基托布津1,000～1,200倍液进行防治。④当果实出现病害时，及时喷洒50%甲基托布津或75%多菌灵1,000～1,200倍液防治，必要时连续喷施多次。

4. 钻心虫

此虫危害草豆蔻的茎部，发生时应及时剪去枯芯植株，集中深埋或烧毁，并用5%杀螟松乳油800～1,000倍液防治。

四、草豆蔻采收

在夏秋季节，当草豆蔻果实开始由绿变黄近成熟时可进行采收。新鲜收获的果实，果皮较难剥除，可在太阳下晒至五六成干，剥去果皮，取出种子团晒干。或采后把果实放入烧开的沸水中，一起煮开沸腾 2～4 分钟（不要煮久），捞出晾凉，剥去种皮后再晒干，这样处理可使种粒不易散开易保存、颜色稍好，且同时杀灭种子团中可能隐藏的蛀虫。晒干的种子团应及时包装防潮防止发生霉变。草豆蔻品质以色泽光亮、饱满匀称、无霉变为合格，个大为佳品。

在果实采收后，将茎秆从基部割下，切去叶片，层层剥开，晒干即可。晾晒时避免淋雨，防止发霉，以免影响外观和纤维质量。

五、其他

间作种植期间，橡胶树施肥和割胶生产管理按常规进行，除草和覆盖可结合草豆蔻的种植进行，但在每年草豆蔻花果期（4～7月），有条件的可根据林下荫蔽情况对橡胶树冠进行修剪，使园内荫蔽度下降至约 60% 以下。每年收获果实或收割茎秆留下的茎叶也可用于压青或作为死覆盖。草豆蔻收获后留下的草蔸，可犁地翻起，也可弃之不管让其自然生长，留作控荫压青材料等。

参考文献

［1］何康，黄宗道. 热带北缘橡胶树栽培［M］. 广州：广东科技出版社，1987.

［2］海南天然橡胶产业集团股份有限公司. 海南农垦橡胶树栽培技术手册. 内部印发资料.

［3］林位夫. 胶园林下经济生产模式及技术［M］. 北京：中国农业出版社，2020.

［4］佚名. 橡胶的生物学特性［J］. 农村实用技术，2014（2）：

16–17.

[5]何天喜,赵国祥,李维锐. 云南橡胶园间作中药材资源调研[A]. 中国热带作物学会. 热带作物产业带建设规划研讨会——天然橡胶产业发展论文集[C]. 中国热带作物学会:中国热带作物学会,2006:4.

[6]王纪坤,兰国玉,吴志祥,等. 海南岛橡胶林林下植物资源调查与分析[J]. 热带农业科学,2012(6):31–36.

[7]王汉杰. 混农林业生态系统内部的光能分布[J]. 生态学杂志,1991,10(1):27–32.

[8]黄守宏,黄守锋,符和坚,等. 橡胶园不同荫蔽环境下间作咖啡、胡椒、巴戟调查报告[J]. 热带作物研究,1988:12–15.

[9]郑定华,黄坚雄,潘剑,等. 不同郁闭度橡胶园间作绞股蓝的生长、产量及药材品质研究[J]. 中药材,2021(5):1056–1062.

[10]郑定华,陈俊明,陈苹,等. 全周期间作模式胶园间作肾茶的产量及药材质量[J]. 热带作物学报,2019,40(12):2321–2327.

[11]郑定华,袁淑娜,陈俊明,等. 橡胶林下间作广金钱草的产量及药材质量研究[J]. 中药材,2017,40(12):2765–2771.

[12]郑定华,袁淑娜,陈俊明,等. 遮光对地胆草根系浸出物及黄酮和灰分含量影响研究初报[J]. 热带作物学报,2016,37(1):15–19.

[13]唐贤慧,郭澎涛,罗微,等. 基于主成分分析的海南橡胶园土壤化学肥力评价[J/OL]. 热带生物学报:1–9. [2021–07–27]. http://kns.cnki.net/kcms/detail/46.1078.S.20210628.1252.004.html.

[14]杨昭君. 不同尺度下橡胶园土壤养分时空变异特性的研究[D]. 海口:海南大学,2010.

[15]麦全法. 中国主要植胶区胶园生态系统养分变化趋势的

研究［D］. 海口：华南热带农业大学（现为海南大学），2006.

［16］华南亚热带作物科学研究所橡胶栽培生态组. 橡胶树根系的研究 1959～1963 工作总结. 华南亚热带作物科学研究所档案室，1965.

［17］陈汉洲. 胶园间作胡椒生产效应的调查研究［J］. 热带作物研究，1989（4）：16-20.

［18］陈焕镛，中国科学院华南植物研究所. 海南植物志［M］. 北京：科学出版社，1964.

［19］许明会，卢丽兰，甘炳春. 益智研究进展［J］. 热带农业科学，2009，29（10）：60-64.

［20］张俊清，王勇，陈峰，等. 益智的化学成分与药理作用研究进展［J］. 天然产物研究与开发，2013，25（2）：280-287.

［21］晏小霞，任保兰，王茂媛，等. 益智产业现状及发展对策［J］. 中国中药杂志，2019，44（9）：1960-1964.

［22］刘红，纪明慧，宋小平. 益智加工品开发与研制［J］. 保鲜与加工，2002（2）：27-28.

［23］郑定华，王秀全，余树华，等. 橡胶林下间种地胆草技术及其效益分析［J］. 热带农业科学，2014，34（7）：12-15.

［24］林绍龙. 胶园间种巴戟的经济效益［J］. 热带作物研究，1986（1）：43-47.

［25］林绍龙. 橡胶-巴戟生态系统经济效益的研究［J］. 热带地理，1986（1）：77-81.

第四章

海南槟榔林下
南药种植模式

第一节　槟榔产业发展概况及槟榔林下复合栽培模式研究

一、国内槟榔产业发展现状

我国槟榔的引种栽培历史已有 2000 多年，目前我国是世界第二大槟榔生产国。主产区在海南和台湾地区，广东、广西、云南和福建等省、自治区仅有少量种植。截至 2020 年，海南省槟榔种植面积已超过 12 万公顷，收获面积超过 8.8 万公顷，年产量超过 28 万吨。目前海南省已成为我国除台湾地区以外食用槟榔产品的最大的原料基地，占全国槟榔种植面积的 95% 以上。

槟榔产业发展如火如荼，海南省槟榔种植面积不断加大也带来了其他生态问题，其中山地栽种槟榔被认为是导致水土流失的重要原因之一。其次是种植户生态环境意识淡薄，对水土流失的危害性认识不够，在栽种槟榔时破坏原有林地的植被，开垦种植槟榔，重产出，轻保护，留下很多生态隐患。在槟榔林下进行作物间种可有效改善这一情况，间作可抑制杂草生长，增加土壤有机质和养分含量，改善土壤物理性状。

二、国内外槟榔林下经济发展现状

（一）国外槟榔林下经济发展现状

国外槟榔的林下复合种植主要集中在印度，Sujatha S. 探讨了印度不同树龄槟榔种植区采取的不同间种模式，其中成龄槟榔种植园以可可、香蕉、黑胡椒、酸橙和豆蔻等多年生作物高效高密度种植模式为主；幼龄槟榔种植园以块茎、根茎作物、蔬菜和花卉等矮壮作物间作。香草、药用作物和芳香作物等增值作物在槟榔中表现得很好。Kumara N. 研究得出在传统单作和间作系统中，槟榔产量没有显著差异，而实施有机系统下槟榔种植园中香草的间作与实施传统单作系统的农民相比可带来较好的效益。Apshara S.E. 介绍了 2009 ~ 2014 年在印度卡纳塔克邦进行的实地研究，测定 13 个特立尼达可可系列的生长和产量参数，发现 vtlc-351、vtlc-345、vtlc-357 和 vtlc-350 在槟榔间作系统中表现出最佳的活力和冠层面积。Vishwajith K.P. 确定印度卡纳塔克邦 Thirthahalli 地区槟榔种植者的最佳种植模式主要分为单一槟榔种植、香蕉 – 槟榔间作、可可 – 槟榔间作和香料 – 槟榔间作，得出以食用香料间作具有较好的经济优势，其中槟榔 – 胡椒间作是目前最好的。Acharya G.C. 介绍了在印度东北部采用多种或混合种植槟榔园作为实现可持续发展的替代途径，综述了花卉、蔬菜作为槟榔园间作的经济可行性和发展槟榔高密度种植模式的研究成果。Sujatha S. 研究通过研究药用和芳香植物间作与有机耕作方式对印度槟榔种植园资源利用效率的影响发现，药用和芳香植物可以成功在槟榔种植园中间作种植，可使生产力和单位面积净收入增加。

（二）国内槟榔林下经济发展现状

我国槟榔林下复合栽培区主要集中在海南省，林下复合栽培作物主要有木薯、胡椒、热带水果、南药、菌类、切叶花卉、咖啡和蔬菜等。截至 2015 年底，海南省经济林以橡胶、槟榔与椰子为主，林下经济从业人数 58.9 万人，面积 14.4 万公顷，产值 122.5 亿元。

目前海南连片种植且具较大规模的经济林复合栽培面积约 2.8

万公顷，主要以橡胶、槟榔和椰子为主，面积以橡胶第一，槟榔其次，栽培作物主要品种为木薯、胡椒、热带水果、南药等。其中胡椒在幼龄和成龄槟榔林下均有种植，占总面积的 14%，分布在海南东部和东南部；热带水果与幼龄橡胶、幼龄槟榔和幼龄椰子均有种植，占总面积的 9%，分布于海南全省；咖啡、蔬菜等其他作物与幼龄槟榔复合栽培，占总面积的 2%，分布于海南东部和南部。

近年来，海南省内在槟榔林下发展林下经济，琼海市嘉积镇积极探索秸秆循环利用新模式，在槟榔林下发展灵芝、蘑菇种苗培育基地，在嘉积镇加入灵芝、蘑菇种植培育基地的建档立卡贫困户就有 306 户 1,329 人，他们通过入股合作社、打工等形式实现了脱贫。琼中地区利用橡胶、槟榔等林地，在树下发展益智产业，至 2017 年琼中益智种植面积有 3,400 公顷，其中 625 户贫困户共种植面积 445 公顷。益智地平均可收获 375kg/hm^2 干果。乐东兴民种养专业合作社香菇种植基地利用槟榔林发展种植香菇。数据显示，2019 年，万宁全市槟榔种植总收入为 12.76 亿元，约有 5 万户近 30 万农民从事槟榔种植，槟榔种植人均收入约 4,254 元。

自海南大力提倡发展林下经济以来，截至 2018 年全省发展林下经济的经济林面积 66.7 万公顷，产值达到 400 亿元，从业人数 58.9 万人。长期的种植实践，海南农户已掌握了成熟的林下栽培技术。开展经济林下复合种植已成为海南热带作物产业发展的必然要求，经济林下复合种植产业化将成为促进农村经济迅速发展和生态保护相结合的重点，也是进一步拓宽林业经济领域、促进农民增收和新农村建设的重要途径。

三、槟榔林下复合栽培模式研究进展

近年来我国科研人员对槟榔林下复合栽培作物进行了研究，发现热带香料、热带水果、菌类植物等作物与槟榔复合栽培相对于单作具有高产、合理利用空间资源、防止水土流失等优势。

张世青等对槟榔单作杂草丛生、土壤板结、除草剂过量使用等问题，采用了海南特有的农家品种崖州硬皮豆，通过条播与撒播的种植方式开展了槟榔-崖州硬皮豆间作的生草栽培技术研究，总结出槟榔-崖州硬皮豆间作栽培技术。海南槟榔种植园多为缓坡地或山地，林下的生态环境与崖州硬皮豆生长所需环境条件相符，以崖州硬皮豆抑草，减少或杜绝除草剂使用，能够减少水分流失、增加土壤肥力、固氮等优点，有效增加槟榔根际土壤微生物群落及多样性，丰富微生态环境等措施促进槟榔植株健康生长。槟榔-崖州硬皮豆间作的槟榔单果重、单株产量及亩产远高于单作槟榔，增产率高达23.52%。这不仅节约人力物力，还促进农民增产增收。

吴庆菊通过栽培管理、病虫害防控技术等方面的研究及可行性分析，探索了海南槟榔幼苗和库拉索芦荟间种模式，发现海南槟榔幼苗和库拉索芦荟间种模式具有一定的可行性：一是幼龄槟榔和芦荟主要病虫害的发生机理及受害程度存在差异，不会同时在两种植物中产生病原体和寄生虫，导致交叉感染。二是槟榔和芦荟根系土层分布深度不同。槟榔根系为须根系，密集着生于茎基部，在0～20cm的土层深度根幅较小，20cm以下根幅扩大；芦荟大部分根系分布在土层0～20cm处，因而两者根系生长对空间和养分的竞争不大。三是槟榔和芦荟间种可以增强土壤保水能力。通过两者间种可以提高园地植被覆盖率和提升槟榔植株的抗旱能力，也能解决种植户单一种植槟榔前期无收成的问题。

张世青等使用不同的种植架式套种百香果，结果发现套种对槟榔和百香果皆具有增产效应；套种百香果的成本低于单作百香果的成本；套种后槟榔的土壤、养分和水分等方面相对单作槟榔更充足，管理更精细，有效促进了槟榔生长，提高了槟榔抗逆能力，从而缓解槟榔种植管理粗放、养分不足、水肥不规律、病虫害难以防控等问题，槟榔产量和品质也有显著提高，且二者土地当量比都大于1。因此百香果-槟榔套种模式既有增产效应，又能有效提高土地利用率。

庄辉发等采用盆栽模拟实验，槟榔单作、香草兰单作和槟榔间作香草兰3种种植模式在4个不同氮肥处理条件下，对植株生物量、氮素吸收和利用、土壤全氮含量和氮肥利用率的影响。研究发现，同一施氮处理下，间作模式的氮吸收效率、氮利用效率、氮肥利用率均高于槟榔、香草兰单作模式，间作模式增强了作物地上与地下部位氮养分的转化和营养物质交换，促进了作物对氮元素的吸收，增加了植株的生物量。

颜彩缤等研究发现槟榔-平托花生间作模式比槟榔单作模式更能提升土壤肥力。槟榔-平托花生间作模式中不同土层土壤有机碳、全氮、全磷、速效氮、速效磷、土壤蔗糖酶、脲酶、过氧化氢酶和蛋白酶含量均较高，其中在 10～20cm 土层显著增加；在 10～20cm 土层的土壤养分方面，间作模式下有机碳、全氮、全磷、速效氮和速效磷较槟榔单作模式分别显著提高了 30.43%、14.28%、16.98%、14.13%、180.38%；土壤酶活性方面，间作模式下 10～20cm 土层土壤蔗糖酶、过氧化氢酶、中性蛋白酶和碱性蛋白酶分别比槟榔单作模式极显著提高了 108.39%、16.77%、23.73%、39.17%；土壤酶活性与土壤养分大部分呈显著或极显著正相关。

鱼欢等经对比槟榔单作、香露兜单作和槟榔间作香露兜3种栽培模式，发现槟榔与香露兜根系之间竞争较小，与槟榔单作相比，槟榔间作香露兜模式能够促进槟榔根系生长，提高土壤过氧化物酶活性与根数目和根体积呈显著正相关。间作模式在对香露兜生长影响不显著，但能促进槟榔干物质累积，且根系干物质量显著增加，槟榔叶片 SPAD 值也显著增加；间作模式下槟榔总根长、根系总表面、根数目分别比单作增加了 78.64%、50.96%、81.22%，而且间作对槟榔根系生长发育的促进作用大于香露兜；槟榔间作香露兜后，土壤酸性磷酸酶、过氧化氢酶和过氧化物酶活性均显著高于槟榔单作；土壤过氧化物酶活性与根数目和根体积呈显著正相关。

罗丽霞等发现胡椒 – 槟榔间作模式土地当量比为 1.32，每公顷的间作优势达 2460kg，土地利用率平均提高 78%。胡椒 – 槟榔间作模式具有明显的间作优势。间作胡椒根系总表面积、平均直径、根系总体积和细根表面积等指标均增加了 9% ~ 15%；间作槟榔导致胡椒根系表现出在水平、垂直方向上都向距离植株更远处生长的趋势；在适宜的间作密度下，槟榔可为胡椒提供适度的遮荫，增加其叶片的光合速率，促进光合作用；间作模式改变了田间小气候因子，间作槟榔通过影响胡椒光合有效辐射，增加叶片气孔导度值，影响田间日最高温和降温幅度来提高胡椒产量；同时，间作增加了土壤中的磷钾速效养分含量，促进了胡椒养分吸收利用。

第二节　槟榔与胡椒复合种植

胡椒（*Piper nigrum* L.）是世界上使用最广泛的香料作物，被誉为"香料之王"，广泛应用于食品和医药行业，开发潜力大。在我国，胡椒种植面积有 2.67 万公顷，年产胡椒超 4 万吨，居世界第 5 位，目前已发展成为年产值 30 多亿元，涉及 100 多万农民生计的重要热作产业。海南的胡椒面积和产量均占全国的 86% 以上，在脱贫攻坚和乡村振兴中发挥了重要作用，是海南东部主产区农民收入的"稳定器"和"压舱石"。

一、胡椒生物学特性

木质攀缘藤本；茎、枝无毛，节显著膨大，常生小根。叶厚，近革质，阔卵形至卵状长圆形，稀有近圆形，长 10 ~ 15cm，宽 5 ~ 9cm，顶端短尖，基部圆，常稍偏斜，两面均无毛；叶脉 5 ~ 7 条，稀有 9 条，最上 1 对互生，离基 1.5 ~ 3.5cm 从中脉发出，余者均自基出，最外 1 对极柔弱，网状脉明显；叶柄长 1 ~ 2cm，无毛；叶鞘延长，长常为叶柄之半。花杂性，通常雌雄同株；花序与叶对生，短于叶或与叶等长；总花梗与叶柄近等长，无毛；苞片匙状长圆形，长 3 ~ 3.5cm，中部宽约 0.8mm，顶端阔而圆，与花序轴分离，呈浅杯状，狭长处与花序轴合生，仅边缘分离；雄蕊 2 枚，花药肾形，花丝粗短；子房球形，柱头 3 ~ 4，稀有 5。浆果球形，无柄，直径 3 ~ 4mm，成熟时红色，未成熟时干后变黑色。花期 6 ~ 10 月。

二、胡椒林下种植技术

（一）选地整地

1. 选地

一个良好的椒园是胡椒高产的前提条件。根据胡椒对环境条件的适应情况，胡椒园的选择要点如下。

（1）选择土壤疏松、排水良好的平地或缓坡地。而易于渍水的低洼地，排水不好的重黏土和碱性大的白砂壤土，不宜选作胡椒园。

（2）寒害严重地区，最好背风向阳，三面环山呈"簸箕"形的南坡山腰上建园。如果没有这种环境，可采用小椒园种植，四周营造防护林，以减少寒害。

（3）为便于灌溉和运输，胡椒园应尽可能选择靠近水源、交通方便的地方。但易积水的地方不宜做椒园，以免引起植株烂根及瘟病的发生。

2. 整地

园内要规划好走道、粪池及其排灌水沟。坡地做梯田，深翻土30～40cm，充分风化，拣净树根、石块、碎土，平整园地，挖穴深60cm，长宽80cm，穴土充分暴晒，每穴施掺有过磷酸钙和充分腐熟的有机肥15～30kg，与土混匀，填穴要稍微高于地面。

（二）种植方式

1. 无柱栽培

无柱栽培是不要支柱，控制胡椒主蔓生长，使其矮化，这种方式管理方便，投资小，收益早，定植后1年便可开花结果，2年便有收获，盛产期可产750～1,500kg/hm^{2}白胡椒。

（1）整地：机耕后，挖宽40～50cm，深40cm的环状沟，每穴施基肥10～15kg，回土准备定植。

（2）种苗：多用3节带有2个分枝的主蔓插条蔓，在缺苗的情况下，亦可用3～4节果枝插条苗。

（3）定植和管理：株行距（2～2.4）m×（1～1.2）m，每亩植231～330株，每穴种植插条苗2～4株，多苗成丛快。多苗定植时，埋深度应超过种苗顶端第一节5cm以上，以抑制抽出主蔓。单苗定植时宜浅些，让其抽出新蔓和1～2层分枝，以增加枝条数量，扩大结果面。以后在起垄或培土时，将主蔓埋入土中5cm以上，抑制再抽新蔓，促进枝条生长。

2. 矮柱栽培

矮柱栽培地面支柱高1.4～1.6m，株行距（1.2～1.5）m×

（2.2～2.4）m。这种栽培方式支柱容易解决，管理方便，风害轻，整齐度高，投产早，栽植后 3 年便有收获，单位面积产量高，平均可产白胡椒 2, 250kg/hm² 以上。种植和管理，挖穴改为挖沟，沟宽 80cm，深 70cm，双苗定植。每年花期前 1 个月，进行修剪，使树冠上下疏密一致，株行间树冠间隔 40cm 以上，使植株通风透光，其他措施与高柱栽培相同。

（三）田间管理

1. 遮荫、中耕、除草和覆盖

定植后至椒头被椒叶遮盖前，需要用透光竹箩或搭棚遮荫，防椒苗被晒。经常除净园中杂草。雨后在树冠周围浅松土 10cm 深；3～4 月和 11～12 月在树冠外和行间深松土 20cm 深，树冠周围仍浅松土。每 1～2 年培土 1 次。旱季初用净草或绿叶覆盖根周围或者全园，以保湿、调节地温提高肥力。

2. 淋水管理

除定植时淋足"定根水"外，定植后遇晴天，还要连续淋水3 日。以后每隔 1～3 日淋水 1 次，直到苗木完全成活。定植后和旱季到来之际要经常灌溉防旱，雨季及时排出积水，以防止病害烂根。

3. 施肥管理

（1）幼龄椒施肥：幼龄椒应以含氮较多的水肥为主，配合有机肥和少量化肥，贯彻勤施薄肥，生长旺季多施的原则。春季施有机肥和磷肥，每株施腐熟的牛粪堆肥 30kg，过磷酸钙 0.5kg，并结合施肥时进行扩穴改土。在植株两旁和椒头正面轮流穴施，初次肥穴在椒头一方，穴内壁离椒头 60cm，使肥穴和植穴连通。肥穴宽30cm，长 80～100cm，深 70cm，施肥时先将表土回穴至一半，然后下肥，将表土和肥料充分混匀，回土时要压紧，并稍高出地面，以防肥穴积水。扩穴改土应在植株封顶放花前完成。幼龄椒在年中为生长正常期，此时每隔 20 ～ 30 日施水肥 1 次。水肥由人畜粪尿和绿叶沤制而成。1 龄椒每次每株施 2 ～ 3kg。如果水肥浓度低，每 50kg 水可加复合肥 0.2kg。水肥一般在植株正面和两旁轮换沟施。在每次割蔓前施 1 次质量较好的水肥和每株加强复合肥 0.1kg，以促进植株生长。胡椒冬季一般不宜施速效氮肥，应施钾肥和复合肥。每株施肥 0.1kg，也可施火烧土，每株 10 ～ 15kg，以提高植株抗寒能力。

（2）结果树施肥：施肥应根据胡椒开花结果的各个时期对养分的需求来进行。一般每个结果周期施肥 4 ～ 5 次。每株施肥量大致为牛粪或堆肥 30 ～ 40kg，饼肥 1kg，水肥 40 ～ 50kg，尿素 0.2 ～ 0.3kg，过磷酸钙 1.5kg，氯化钾 0.4kg，复合肥 1kg。

（四）植株调整

定植以后至封顶放花结果前的植株叫幼龄胡椒期，这一时期的管理最关键。该时期植株发新根、长枝叶，营养生长旺盛，逐渐形成树形（2.5 ～ 3 年）。因此，这一时期必须加强田间管理，否则将影响胡椒的生长。

1. 立柱、绑蔓

胡椒苗抽新蔓的时候，先插临时小支柱，进行第二、第三次剪蔓的时候，立永久性大支柱。目前生产上一般采用水泥柱、石柱等，木柱容易腐烂损坏，换柱费事。在新蔓长出 3 ～ 4 个节的时候开始用柔软绳在蔓节下将几条主蔓正直均匀地绑于支柱上，每隔 10 ～ 15 日 1 次，绑蔓宜在上午露水干后或下午进行，此时植株含水量降低，蔓柔软，不易折断。用作种苗的主蔓需要节节绑，使节紧贴支柱。结果植株每年仍然需要绑蔓 1 ～ 2 次，特别是在台风季到来前应加固蔓苗，也可以将主蔓埋入土中，抑制抽蔓，促进长枝条，做无柱栽培或者进行矮柱栽培。

2. 摘花、摘叶

摘除 1 ～ 3 龄封顶前开的花和结果植株，除了放花期以外，其他季节开的花一律摘掉，以加速树形的形成和使养分集中。在幼龄期绑蔓的时候或者是在结果期采果以后，适当摘除植株过密的老叶，使植株通风透光。

3. 整形修剪

整形是通过剪蔓，保留适宜蔓数，以促进丰产树形的形成。根据留蔓数和剪蔓次数的多少，大体分少蔓多剪、少蔓小剪和多蔓少剪三种。

（1）修芽及剪除徒长蔓。

（2）剪除嫁接枝（原插条带来的两个枝序）及近地面分枝。

（3）打顶：封顶交叉后，剪除从顶端抽出的新蔓。目前我国主要胡椒栽培区，一般采用留蔓 6 ～ 8 条，剪蔓 4 ～ 5 次的整形方法，植后 2 ～ 3 年封顶投产，产量较高。

三、胡椒采收

胡椒成熟后，及时采收加工，是提高产量和品质的重要一环。

1. 收获期

胡椒的收获期长达 1 ～ 2 个月，甚至更长。一般整个收获期采果 5 ～ 6 次，每隔 7 ～ 10 日采 1 次。长势正常的胡椒，最后一批胡根果在 7 月下旬采收完。最后一次收获将植株上所有果穗摘下来，便于施攻花肥，以免影响植株长势及下季开花结果。胡椒挂果时间长达 9 个月，特别是产量高的植株，营养消耗很大，如果挂果时间过长，植株重新积累养分的时间相应缩短，收获后植株长势差，恢复迟缓，影响下次开花结果，造成减产，大小年结果明显。为了保证来年产量，最后一批果要适当提早采收，保证植株有 40 日以上的恢复期，才能使来年正常抽穗开花结果。特别是长势良好的植株最后一批实不要提早采收，否则植株长势恢复快，会提早在 7～8 月抽穗开花，这时，气温高，抽生的花穗短，稔实率很低，产量不高，所以要根据长势适时采收，才能使不定期年有较高的产量。

2. 收获方法

胡椒果穗上的果实有 2～4 粒变红时，可整穗采收。到收获后期，果穗上大部分果实变黄亦可采收。雨天或露水未干时不要采果，避免传播病害，特别是发生细菌性叶斑病的胡椒园，更应注意。目前一般用手摘果，每个劳力平均每天可摘鲜果 40kg，最快的可达 75kg。采收时先把中下层果实采完，然后架梯采摘植株上部果实，采果时不要损伤枝条，以免影响来年产量。

四、槟榔林下种植胡椒优点

胡椒为多年生作物，长期种植易发生连作障碍，这已成为世界主产国面临的主要问题。我国胡椒产地相对集中、集约化程度高，连续种植 20 年以上的胡椒园超过 50%，连作障碍问题更加突出，迫切需要通过生态化种植，维持椒园土壤健康，保证土壤的可持续利用。

研究人员研究了胡椒连作障碍形成原因，探索出胡椒与槟榔复合种植等多种生态种植模式。通过两种作物复合种植，逐步改善种植区域的生物多样性，不仅实现一地两收，且减轻了胡椒连作障碍，亩增产 30%。

胡椒与槟榔复合种植，一抗风，二遮荫，三保水保肥，四克服连作障碍，提高单位土地效益，实现一地两收。生态复合种植技术在克服胡椒连作障碍、实现稳产丰产的同时，还能在一定程度上减少槟榔黄化现象发生率，带动产业健康发展。比起间种，如果直接用槟榔树做胡椒的活支柱，更节省成本，还方便机械通行。

海南文昌的胡椒种植户最早尝试胡椒与槟榔生态复合种植，胡椒园平均每株可产白胡椒 2kg，单株最高达到 5kg 左右，比海南平均产量高出 1 倍以上。胡椒和槟榔间作不仅不会互相影响，还可以相互促进，而且两种作物同时种植还能分散市场风险、增加收入。

第三节　槟榔与灵芝复合种植

灵芝（*Ganoderma lucidum*）又称木灵芝、菌灵芝、灵芝草，素有"仙草""瑞草""还魂草"之美誉，是我国传统名贵中药，具有多种生理活性和药理作用。灵芝的生物活性十分丰富，目前已分离到 150 余种活性成分，有多糖类、核苷类、生物碱类、氨基酸蛋白质类、三萜类和矿质元素等。其中灵芝多糖能提高机体免疫力，刺激干扰素的形成，抗病毒，抗氧化，抗肿瘤，提高机体耐缺氧能力，从而延长寿命。灵芝纤维素可在大肠中脱水，从而防止便秘；还可以降低胆固醇，预防动脉粥样硬化等。从灵芝脂肪中可以分离出灵芝三萜类物质，其含量占灵芝的 1%～2%，具有止痛、镇静、抑制组胺释放、解毒、保肝、毒杀肿瘤细胞等功效，对人体无副作用。

海南原始森林茂密，是野生灵芝生长的温床，灵芝种类多，质量好，自古是出产灵芝的"圣地"。近年来，灵芝的开发利用越来越受到人们的重视，消费量增长迅速，但由于野生灵芝资源数量有限，并且长期以来遭到人类的过度采掘，资源被破坏严重，许多常见的野生灵芝资源已经越来越少，有些重要的灵芝种质资源甚至面临灭绝的危险。

因此人工栽培灵芝的规模越来越大，出现了栽培技术和栽培原料的多样化。在槟榔林下种植灵芝可充分利用槟榔行间空地，提高土地利用率，节省除草及施肥等，有效降低成本，对农民增产、增收、提高农业经济效率都有积极的促进作用。

一、灵芝生物学特性

（一）植物学形态

灵芝子实体大多为一年生，少数为多年生，有柄，小柄侧生。菌盖木质，木栓质，扇形，具沟纹，肾形、半圆形或近圆形，（5～20）cm×（8～28）cm，厚 0.5～2cm，或 5～15cm 宽，表面褐黄色或红褐色，血红至栗色，有时边缘逐渐变成淡黄褐色至黄白色，具似漆样光泽，盖表有同心环沟，或环带棱纹，并有辐射状的皱纹，边缘锐或稍钝，有时呈截形，往往内卷。菌肉厚 0.5～0.8cm，白色至淡褐色，接近菌管处常呈淡褐色，菌管小，长 0.5～0.8cm。管孔面淡白色，白肉桂色，淡褐色至淡黄褐色，管口近圆形，每毫米 4～6 个。菌柄侧生、偏生或中生，近圆柱形，有时粗细不等或近念珠状，与菌盖同色或稍深紫褐色，有较强的漆样光泽。担孢子卵形或顶端平截，双层壁，外壁透明、平滑，内壁褐色或淡褐色，具小刺，中央具一油滴，（8.5～12）μm×（4.5～7.5）μm。

（二）生长习性

灵芝是一种木材腐生菌，属于高温型品种，灵芝菌丝生长的最适宜温度为 25～29℃，空气相对湿度保持在 60% 左右。出芝最适宜温度为 25～28℃，空气相对湿度保持在 85%～90%，灵芝是一种向光性明显的菌类，子实体向光强的一面生长，要求均匀的散射光。子实体对空气中的二氧化碳特别敏感。通风不良，空气中二氧化碳过多，子实体不易开片或呈畸形。灵芝喜欢在偏酸的环境中生长，pH 以 4～5 适宜。

二、灵芝品种及种苗繁殖方法

（一）品种

为栽培出优质的灵芝，必须筛选出良好的灵芝品种。首先，应确保灵芝品种具有较高的抗污性和丰产性。其次，由于灵芝品种的不同，生长特性也会存在一定的差异。所以根据栽培环境的实际情况，选取适合当地生长的灵芝品种。目前海南主要有灵芝、海南灵芝、紫芝等几个品种。海南灵芝（*Ganoderma hainanense* J. D. Zhao, L. W. Hsu et X. Q. Zhang），外形与灵芝（*Ganoderma lucidum*）相似，长期混杂在灵芝收购中并利用，二者药效相同，民间一直代灵芝使用。紫芝（*Ganoderma sinense* J.D. Zhao, L.W. Hsu & X.Q. Zhang）又名黑芝，是中国特有种类，其重要性可与灵芝（*Ganoderma lucidum*）相提并论。

（二）繁育方法

目前灵芝栽培的方式主要有短椴木栽培和代料栽培两种，其中短椴木栽培生物转化率低，需消耗大量林木资源，不适合保护环境的要求。代料栽培产量高，周期短，原材料来源广泛。因此，本书主要介绍代料栽培灵芝生产，灵芝菌袋具有发菌快，成活率高，芝盖大，色泽鲜艳等特点。

三、灵芝林下种植技术

（一）林地选择

栽培灵芝时，选择保温保湿、通风良好、光线适量、排水通畅、管理方便的槟榔林下，要求土壤肥沃、地面平整，靠近山谷、小溪。选择培养场时，对槟榔林郁闭度、湿度和温度要求较高，温度应在 15 ～ 35℃；培养灵芝菌丝时，要求空气湿度在70% ～ 80%；子实体发育时，要求空气湿度为 90% ～ 95%。

（二）栽培时间

灵芝属于高温结实性真菌，子实体分化温度最低为 20℃，25℃以上才能分化成芝。栽培时间的选择是影响灵芝产量的一个关键因素，灵芝栽培可以夏、秋两季出芝，夏季出芝选择在 4 月下旬至 5 月上旬接种为佳，6 ～ 9 月出芝，秋季出芝选择 7 月接种养袋，8 ～ 10 月出芝，但夏季生长的灵芝出芝时间长，产量高，质量好，所以一般选择夏季栽培。

（三）栽培料配方

代料栽培灵芝主要原料有棉籽壳、阔叶林杂木屑，辅料有麸皮、糖、石膏粉、玉米粉等。提供如下配方供参考：①棉籽壳78%，麸皮 17%，玉米粉 2%，石膏粉，糖，过磷酸钙各 1%。②杂木屑 39%，棉籽壳 39%，麸皮 17%，玉米粉 2%，石膏粉，糖，过磷酸钙各 1%。③木屑 78%，麸皮 17%，玉米粉 2%，石膏粉、糖、过磷酸钙各 1%。

（四）栽培种培养基

要获得稳定高产灵芝，菌袋成活率的高低是影响产量的一个关键因素之一。由于 4 月下旬和 5 月上旬接种养菌环境温度高，湿度大，需要栽培种尽快萌发定植才能提高菌袋成活率，降低污染。由于玉米本身营养丰富，在养菌的过程中接种孔较易感染。因此生产上常选择麦粒作为栽培种培养基。

（五）装袋灭菌

根据原材料来源难易，可以选用上述配方中的任意配方，培养料含水量掌握在 60% ～ 65%，pH6.5 ～ 7.0，提前一夜拌料，拌好的培养料堆积 8 小时以上，使培养料含水均匀。用 15cm×55cm×0.005cm 的聚乙烯袋装袋，常压灭菌，在培养基料温上升到 100℃后再保温 8 ～ 10 小时，灭菌，出灶冷却至常温。

（六）接种与培养

由于代料灵芝是接种穴口催生，菌袋接种质量是提高种穴成活率的关键因素之一。经过多年栽培实践，摸索一条能提高菌袋成活率，又快捷简便的接种方法：①选用麦粒作培养基，在菌种刚长满时接种，此时菌种生命力最旺盛，萌发定植最佳；②接种采用开放式接种法，这种方法既可免受室内密闭接种消毒剂的刺激，又比接种箱接种效率高，使规模生产接种难的瓶颈迎刃而解。做法是：地面垫放一块宽 4m，厚 0.008cm 的厚膜（长度根据需要定），将接种的菌袋全部堆放在薄膜中央，上面再用薄膜覆盖密封菌堆，盖膜与地面薄膜接口处用沙袋压紧，防止菌袋消毒时消毒剂气味溢出，每 1,000 袋菌袋用 450 ～ 500g 气雾消毒剂熏蒸消毒 1.5 ～ 2.0 小时后接种。上午 10 点以前接种完毕，每次接种 1,500 ～ 2,000 袋为宜，每袋打 3 个接种孔，要求在 2 ～ 2.5 小时内完成。在 18 ～ 30℃的温度条件下，25 ～ 30 日菌丝即可长满菌袋。

（七）林下整地

整地作畦，畦宽 1.3 ～ 1.4m，畦呈龟背形，畦与畦之间留有宽30cm，深 20cm 的排水沟。袋需要用 2.2m 宽的薄膜覆盖，用竹片呈弯弓形支撑，排袋时接种孔朝上不脱袋，袋与袋之间填充泥土，利用接种孔出芝。

（八）出芝管理

子实体生长温度在 25 ～ 35℃，最适宜生长温度是 28 ～ 30℃，菌袋排袋后若生长温度适宜，1 周左右在接种孔部位长出幼蕾，保持出芝环境空气湿度在 85% ～ 95%，幼蕾时可用喷雾器对菌袋直接喷雾状水，幼芝直径 4 ～ 5cm 时，则只能在地面空间喷雾状水保湿。菌袋现蕾后，要特别注意温度变化，在气温低于 25℃时，幼蕾或幼芝会木质化或长成畸形小芝，严重影响产量。遇到这种情况，林下出芝要盖实薄膜，提高出芝环境温度达 25℃以上。灵芝是高温恒温结实性菌类，最适生长温度在 28 ～ 29℃，在生产中要特别控制长芝时温度变化，在 28 ～ 29℃时朵大，形状好，产量高。当子实体生长边缘白边消失，有大量褐色粉状孢子弹出，芝盖表面色泽一致，盖柄色泽一致时表示灵芝生长成熟可采收。在温度适宜条件下，每袋菌袋可采摘灵芝 2 次，生物转化率可达 100%（鲜重计）。

（九）病虫害防治

灵芝是高温结实性菌类，极易发生病虫害，特别是虫害，要注意栽培环境的消毒。一般在菌袋排袋前 1 周左右在大棚或室内用敌敌畏喷洒消毒，用薄膜遮盖闷 3 ～ 4 日效果更好，地面再薄薄地撒一层新鲜熟石灰，造成碱性生长环境，在第 1 批灵芝采收完毕后，只要温湿条件适宜又可发生第 2 批灵芝，但第 2 批灵芝质量不如第 1 批灵芝。

四、灵芝采收

当灵芝菌盖已经充分展开，边缘的浅白色或浅黄色消失，不再生长，菌盖变硬，色变棕红。菌盖下端子实层内开始弹射棕红色孢子时，应及时采收，采收过早，子实体小而幼嫩，产量低；采收过迟，子实体生长过老，药效降低。采收时先将子实体连同柄一起拔出，并剪去菌柄下端带有培养基的部分，再进行干制。

五、林下种植灵芝注意问题

（一）做好生产养菌管理

按照季节要求，及时备料装袋、接种养菌，季节太晚不宜生产，否则接种后导致保温难、菌丝生长缓慢。冬季养菌需做好保温防寒措施。在生产各环节，注意减少污染感染。

（二）槟榔林下环境选择和栽培管理

建议选择坡度平缓且未种植过灵芝的槟榔林地，土层厚、腐殖质多的黑土为宜。针对裸露灵芝菌棒进行盖草盖土，以防止旱季水分不足；杂菌需要及时清除。对于种植田地里的灵芝菌棒，在不影响槟榔生长的情况下要及时开挖排水沟，防止积水淹死菌丝。夏天光照强的地方，如果槟榔林不能有效遮荫，则需要搭建遮阳网棚。雨季要注意山洪、滑坡，做好排水引流，减少水土冲刷流失。冬季低温可适当用茅草树叶遮盖，减少冻害。

第四节　槟榔与石斛复合种植

一、品种资源

在中国大约有 76 种石斛，占世界石斛种类的 5% 左右，其中不乏极具药用价值的种类。例如铁皮石斛、霍山石斛、金钗石斛、球花石斛、流苏石斛、报春石斛、草石斛、马鞭石斛、黄草石斛、紫皮石斛等等。其中铁皮石斛是兰科多年生附生草本植物，它喜半阴且湿度较大的生长环境，耐寒性极差。铁皮石斛享有 "药中黄金"美誉，一般只有铁皮石斛才具有药用价值，被《中国药典》收载。附生或寄生于橡胶树树冠上的石斛（*Dendrobium nobile* Lindl）有兰科石斛属的齿瓣石斛、流苏石斛、疏花石斛、鼓槌石斛、束花石斛和兜唇石斛。

多年来，市场上流通的石斛原料一直是采摘野生资源。石斛野生资源主要分布于云南、四川、贵州、广西、广东、浙江、安徽、海南等省、自治区。云南的石斛资源非常丰富，全国石斛市场的原料 60% 来源于云南，主要分布于西双版纳、思茅、临沧、德宏等州市。近年来，石斛药材市场供不应求，价格攀升，全国从事石斛研究、种植的单位和个人不断增多，由于种苗不足，加之石斛生长条件苛刻，因此还没有大规模人工种植的产品，市场上大量石斛原料从缅甸进口。

二、石斛产业

1. 石斛价值

石斛，又名仙斛兰韵、不死草、还魂草、紫紫仙株、吊兰、林兰、禁生等。

药用价值：石斛是一种珍贵的传统中药，具益胃生津、滋阴清热的功效，临床上用于治疗慢性咽炎、阴伤津亏、病后虚热和目暗不明等眼科疾病，以及血栓闭塞性脉管炎等，是脉络宁注射液、通塞脉片、石斛夜光丸等中成药的主要原料。现代药理研究还发现其具有防癌、抗癌、抗衰老和增强机体免疫力的作用，市场需求量大。

观赏价值：石斛花姿优雅，玲珑可爱，花色鲜艳，气味芳香，被称为"四大观赏洋花"之一。

食用价值：可以用来制作石斛茶、石斛玉米须茶、白芍石斛瘦肉汤等。

2. 石斛产业发展

1987 年我国将铁皮石斛列为国家二级保护植物。20 世纪 70 年代，学者们开始从事铁皮石斛生理特征研究和人工栽培技术研究及推广工作。随着铁皮石斛种子生产、组织培养和设施栽培等人工育种关键技术的突破，铁皮石斛产业得以飞速发展。

2008 年国内每年石斛的干品需求量为 2,000 吨（折合鲜品 15,000 吨）以上，而供应量只有 100 吨（折合鲜品 750 吨），其中 60% 提供给制药厂生产石斛夜光丸、通塞脉片、脉络宁等中成药，40% 加工成枫斗、枫斗晶等产品。国内消费市场主要在北京、上海、江苏、浙江等省市，其中浙江是全国最大的铁皮石斛生产、加工和消费省。高档的铁皮石斛"西枫斗"主要销往中国香港及欧美国家，日本、韩国、泰国、新加坡等东南亚市场。云南省的产量较小，主要提供制药厂生产部分中成药的原料，如腾冲制药厂生产石斛夜光丸、复方石斛润喉片等。

石斛原料因品种不同而价格差异较大，如 2006 年铁皮石斛鲜茎售价每千克 680 元，球花石斛鲜茎售价仅每千克 8 元。近年来，石斛野生资源枯竭，市场供不应求，不论哪一种石斛其价格均呈上升趋势。目前市场上销售的石斛产品存在品种混杂，以次充好等问题，价格差异较大。

经过加工的石斛产品品种和等级间的销售价格差距较大，如：真正的铁皮石斛一级品"西枫斗"出口价格基本保持在每千克 3,000 美元，一般的铁皮石斛枫斗国内市场批发价为每千克 8,000 ～ 10,000 元，齿瓣石斛初加工产品销售价每千克 12,000 ～ 13,000 元，梳唇石斛加工成枫斗产品销售价格每千克 1,000 ～ 3,000 元，鼓槌石斛、球花石斛加工的饮片销售价格为每千克 500 ～ 1,000 元。由于种植石斛投资成本高，技术性强，种植后 2 ～ 3 年才能收获，专家预测 10 年内石斛价格波动不会太大。

例如云南西双版纳地区，目前西双版纳全州石斛总种植面积已达 6.67km²，综合产值上亿元，逐步走上了规模化、产业化发展之路。

三、石斛栽培技术

1. 选地整地

根据其生长习性，石斛栽培地宜选半阴半阳的环境，空气湿度在 80% 以上，冬季气温在 0℃以上地区。人工可控环境也可，树种应以黄葛树、梨树、樟树等树皮厚有纵沟、含水多、枝叶茂、树干粗大的活树，石块地也应在阴凉、湿润地区，石块上应有苔藓生长，表面有少量腐殖质。

2. 繁殖方法

石斛主要采用分株繁殖法。石斛种植一般在春季进行，因春季湿度大、降水量较大，种植易成活。选择健壮、无病虫害的石斛，剪去 3 年以上的老茎作药用，二年生新茎作繁殖用。繁殖时减去过长老根，留 2 ～ 3cm，将种蔸分开，每克含 2 ～ 3 个茎，然后栽植。

（1）贴石栽植：在选好的石块上，按 30cm 的株距凿出凹穴，用牛粪拌稀泥涂一薄层于种蔸处，塞入石穴或石槽，力求稳固不脱落即可，可塞小石块固定。

（2）贴树栽植：在选好的橡胶树上，按 30 ～ 40cm 在树上砍去一部分树皮将种蔸涂一薄层牛粪与泥浆混合物，然后塞入破皮处或树纵裂沟处，贴紧树皮再覆一层稻草，用竹篾捆好。常绿阔叶林林下是理想的仿野生栽培场所。选生长健壮、干粗皮厚、枝叶茂盛、树皮粗糙的阔叶树为附主，如香樟、梨树等；要求树皮富含有机质，且易长苔藓（有利于为铁皮石斛根系供水保湿）。按 30 ～ 40cm 的间距，削去部分主干树皮，将铁皮石斛种蔸涂上一薄层稀牛粪与泥浆的混合物，塞入破皮处或纵裂沟，贴紧树皮，其上覆盖一层干净稻草，再用竹篾等捆绑固定于树干上；并架设喷淋设备，使其沐浴在自然环境中。这种以气根悬于空中的栽培方式可有效减少病虫害，有利于培育品质优良的有机铁皮石斛。

（3）基质栽培：铁皮石斛喜温暖湿润的气候和半阴半阳的环境，不耐寒。属气生根系，因此要求根部通透性好。铁皮石斛的生长状态与栽培基质所提供的土壤环境有直接联系，采用的基质若通风透气漏水，在适宜的温湿度下，其生长速度较快，生存能力较强。目前我国栽培铁皮石斛的基质有生物基质和非生物基质，如松树皮、苔藓、桑枝屑、碎树叶、泥炭、锯木屑、椰糠、菌渣等，都属于生物基质，一般具有较强的保水保肥能力和缓冲能力，具有一定的生物活性并含有丰富的营养成分；而碎红砖、碎瓦片、珍珠岩、蛭石等天然矿物或其他无机物构成的物质属于非生物基质，它们化学性质稳定，保水保肥能力差，缓冲能力小，在栽培中通常用于支撑植株或调节基质的容重、孔隙度等。一般情况下，栽培基质若透气性差，则容易发病；若保水性太弱，则不利于根系生长；若基质容易腐烂，则透气性会下降，所以栽培基质需具备透气性高、保水保肥性强和耐腐性好这三个条件。生产中采用混合基质或单品种生物基质种植铁皮石斛成功的概率较大，但生物基质的成本较高，与非生物基质混合使用，既能节约成本又能提供养分。

（4）苗床栽培：苗床栽培的主场所为温室大棚，栽培基质对应的是木屑、树皮等，提前搭设苗床，配备遮阳网及喷雾等设施，以模仿野生环境达到铁皮石斛栽培的目的。该栽培技术的重点要素是栽培环境、栽培基质、栽培时间、栽培温度和病虫害防治等。研究表明，栽培基质为泥炭、松树皮、刨花，且混合比例为 2∶4∶4 时，其移植 1 年后培苗成活率最高，可达 95% 以上，对应的株高和茎粗也较为理想，分别为 52.16mm、3.47mm。作为较常见的苗床栽培技术，其栽培温度、湿度及光照均可控，管理起来也较为方便，对应的产量稳定，但不足的是成本投入大，且占用大量土地资源。

（5）立体栽培：林下石斛栽培中也常用到立体栽培，立体栽培的场所与苗床栽培一致，为温室或者大棚，将石斛附生于木桩或者树皮板上，提升其生长面的空间层，以确保其充分吸收光照，获得理想的生长空间，减少大量占用土地资源的困扰。研究表明，立体栽培的土地利用率相较于苗床栽培可提高 2.74 倍以上，且糖与浸出物的总量明显高于地栽。根据树皮基质对立体种植模式下石斛生长的影响研究得出，粗树皮立体栽培的石斛无论是株高还是茎粗都更为理想，立体栽培也具有提高石斛病虫害应对能力等方面的优势。

3.田间管理

（1）浇水：石斛栽植后期空气湿度过小时要经常浇水保湿，可用喷雾器以喷雾的形式浇水。

（2）追肥：石斛生长地贫瘠应注意追肥，第一次在清明前后，以氮肥混合猪牛粪及河泥为主。第二次在立冬前后，用菜籽饼、过磷酸钙等加入河泥调匀糊在根部，此外尚可根外追肥。

（3）调整郁闭度：石斛生长地的郁闭度在60%左右，因此要经常对附生树进行整枝修剪，以免过于荫蔽或郁闭度不够。

（4）整枝：每年春天前发新整时，结合采收老茎将丛内的枯茎剪除，并除去病茎、弱茎及病者根，栽种6～8年后视丛蔸生长情况翻蔸重新分枝繁殖。

4.病虫害防治

病虫害防治应严格按国家标准规定执行，慎用化学防治，并持"初发低浓度、再发按标准、屡发加剂量"的用药原则。

（1）石斛黑斑病：常在3～5月发生，主要危害新生叶片，使之产生黑褐色病斑，导致叶片枯萎。防治方法：可用50%的多菌灵1,000倍液喷雾1～2次。或者每隔半月用50%的托布津800～1,000倍稀释液或0.8%～1.0%的波尔多液叶面喷雾1次。

（2）石斛炭疽病：危害叶片及茎枝，受害叶片出现褐色或黑色病斑，1～5月均有发生。气温20℃以上时发病，主要危害叶片，受害处褪绿并逐渐扩大，病斑颜色外缘深褐、内缘浅色。防治方法：清除历史病株；春季新梢生长后，喷1%的波尔多液或50%托布津可湿性粉剂500～800倍液预防；6～9月，每半月用1%波尔多液、0.3%石硫合剂或0.05%高锰酸钾液喷洒1次。

（3）石斛菲盾蚧：寄生于植株叶片边缘或背面，吸食汁液，5月下旬为孵化盛期。防治方法：可用40%乐果乳剂1,000倍液喷雾杀灭或集中有盾壳老枝集中烧毁。

（4）软腐病：从根部浸染，开始为绿色水渍状，后呈黄褐色软腐，有腥臭味。防治方法：在保持栽培地通风透光的条件下，用800～1,000倍农用链霉素或0.8%波尔多液或50%退菌特可湿性粉剂600～800倍液喷洒进行防治。

（5）疫病：黑褐色病斑呈水渍状，先出现在基部，后向下扩展造成根系坏死，引起植株顶枯（叶片变黄、枯萎）。防治方法：首先，加强种植地通风换气降湿和水管理；其次，及时拔除和销毁发病严重植株；最后，用甲霜灵加代森锰锌600～800倍液或波尔多液每周喷1次，连续2～3次。

（6）虫害防治：常见虫害有蜗牛和蛞蝓，在整个生长期，危害铁皮石斛幼茎、嫩叶。防治方法：人工捕杀；毒饵（四聚乙醛）诱杀；在种植区四周、树干基部撒上石灰、草木灰，以防其进入。

5. 采收加工

（1）采收：每年春末萌芽前采收，采收时剪下三年生以上的茎枝，留下嫩茎让其继续生长。

（2）加工：因品种和商品药材不同，有不同加工方法，以下介绍两种方法：

①将采回的茎株洗净泥沙，去掉叶片及须根，分出单茎株，放入85℃热水烫1～2分钟，捞起，摊在竹席或水泥场上暴晒，晒至五成干时，用手搓去鞘膜质，再摊晒，并注意常翻动，至足干即可。

②也可将洗尽的石斛放入沸水中浸烫5分钟，捞出晾干，置竹席上暴晒，每天翻动2～3次，晒至身软时，边晒边搓，反复多次至去净残存叶鞘，然后晒至足干即可。

四、槟榔与石斛复合种植的开发利用情况

石斛以前主要靠采收野生资源供药用与出口，致使资源日渐枯竭，现已成为十分稀少的濒危植物。因此，在槟榔林内开展石斛无公害规模化种植，既不影响槟榔树的正常生长，也可以收获附加药材价值，发展前景广阔。

2020年，海南乾景越实业集团有限公司在五指山市通什镇番道村考察时发现，这里的槟榔树干上攀附着许多蕨类植物，这些植物并没有影响槟榔的生长，觉得这里可以开展金钗石斛的林下种植。经过专家现场培训及讲解，在番道村的槟榔林开展了金钗石斛种植。石斛树苗固定高度1m以上，每株树干8～12对石斛，定期进行喷灌，20个月后进行了首轮采收。经第三方公司检测，该槟榔林种植的石斛，其石斛碱含量远高于入药标准，品质有保障。公司和农户进行分红模式种植，并进行产品回购，既合理利用了槟榔林资源，又开发了石斛附加价值，农户对这一模式也非常认可。

五、槟榔林间作石斛

石斛的槟榔林下立体栽培是在原有林业资源上栽植，不占用独立的土地资源，极大节约了空间、人力、物力资源及成本，且能有效减少病虫害的发生。石斛的林下立体栽培关键技术需要掌握如下几点。

1.种植环境选择。野生石斛主要分布在气候温暖湿润的温带和亚热带地区的山崖庇荫处。石斛属于兰科植物中气生兰的一种，因此石斛只附生于其他介质表面，如树干、树枝、树杈及岩石中，性喜温暖、湿润、透气、通风、透水的环境。结合石斛相关生长特

性，选择具有森林小气候的、海拔 600m 以下、气温 10 ～ 35℃、相对湿度为 70% ～ 80% 的山地；选择水分较多、树皮较厚、树干适中、树皮不会自然掉皮，以及树皮不含有挥发性芳香类物质的树，如橡胶、杉木、松树，以及其他常绿阔叶树种。

2.槟榔林环境差异大，石斛品种须适宜成龄槟榔林，因地理位置、地形、地势、坡度、坡向、土壤类型和种植密度、品种、树龄、林相整齐度等不同，槟榔树林下的光照度、温度、湿度、土壤质地、养分和水分状况等差异较大。一般情况下，在同一区域范围内，影响间作物生长和产量的主要因素是行间光照度，其次才是水分、养分条件。光照过强或过弱均不利于间作物的生长和开花结果。例如，石斛喜在温暖、潮湿、半阴半阳的环境中生长，以年降水量 1 000mm 以上、空气湿度大于 80%、1 月平均气温高于 8℃ 的亚热带深山老林中生长为佳，对土肥要求不甚严格，野生多在疏松且厚的树皮或树干上生长，有的也生长于石缝中。所以，在进行槟榔林间作时，应根据荫蔽度和土壤水湿条件等因地制宜选择适宜的林下种植品种。

3.固定物选择。固定物的选择是石斛林下立体栽培的关键，直接关系到栽培是否高效优质，须选择具有通风透气、保水性良好且操作方便、原料易得等符合铁皮石斛生物特性，便于规模化生产。因此一般选择松树树皮、木屑、木块、棕榈树树皮网、稻草绳及遮阳网作为固定物，树皮则碾碎成 5 ～ 8cm 的块状物，事先需消毒，杀死病菌及虫卵，有条件的可以进行高温蒸气杀菌 10 分钟左右。种植苗选择及处理。采用现有组织培养繁殖炼苗 7 ～ 8 个月，或者直接从丛生株上选种健壮的新生幼苗分蘖。选择茎秆健壮、根系发达、茎色青绿及无病虫害的苗体作为种植苗，建议在冬季进行分蘖。种植前 3 ～ 4 日对附主树体用 1% 浓度的高锰酸钾水溶液或稀释 300 倍的多菌灵刷洗消毒；将固定物进行灭菌消毒处理。

4.定植管理。采用丛栽法，3～5株为一丛。用消毒后的树皮木屑及木块包裹，包裹厚度为2～3cm，包裹后根部能自然舒展为最佳。树皮木屑及木块外层用厚度为1～2mm的棕榈树树皮、稻草绳或遮阳网包裹加固。树干自上而下间隔30cm一圈，采取螺旋状种植，每丛相对距离为15cm，定植部位宜选择树干80～150cm处。石斛种植苗如有损坏需及时更换。

5.病虫害防治。石斛在进行药物防治时要遵循《绿色食品农药使用准则》，药物防治与人工防治相结合。林下种植时，通常采用人工除虫或在树高处挂鸟窝，吸引鸟类来捕食昆虫；冬季在树干涂抹300倍波尔多液，避免病虫滋生。

参考文献

［1］杨连珍，刘小香，李增平.世界槟榔生产现状及生产技术研究［J］.世界农业，2018，471（7）：121-128.

［2］陈君，马子龙，覃伟权，等.世界槟榔产业发展概况［J］.中国热带农业，2009，31（6）：32-34.

［3］陆庆志，范培福，陈展雄，等.海南省槟榔种植及加工现状［J］.热带农业工程，2018，42（6）：18-22.

［4］孙慧洁，龚敏.海南槟榔种植、加工产业发展现状及对策研究［J］热带农业科学，2019，39（2）：91-94.

［5］国家统计局.海南统计年鉴——2020［M］.北京：中国统计出版社，2020.

［6］陆庆志，范培福，陈展雄，等.海南省槟榔种植及加工现状［J］.热带农业工程，2018，42（6），18-22.

［7］荣玫.食用槟榔标准现状及对策研究［A］."标准化与治理"第二届国际论坛论文集［C］.湖南省质量技术监督局，湖南大学，《中国标准化》杂志社，2017：9.

［8］谢龙莲，张慧坚，方佳. 我国槟榔加工研究进展［J］. 广东农业科学，2011，38（04）：96-98.

［9］黄玉林，张海德，谯莲. 槟榔油的提取工艺［J］. 中国油脂，2008，33（8）：21-24.

［10］韩林，张海德，万婧，等. 槟榔红色素的提取工艺优化及稳定性研究［J］. 食品科学，2010，31（04）：1-5.

［11］郑锦星，曾琪，赵兰，等. 槟榔保健饮料的研制［J］. 食品研究与开发，2006（11）：125-128.

［12］王娴婷. 槟榔渣制备活性炭［J］. 材料科学与工程学报，2006（03）：454-455.

［13］周文化，李忠海，崔阳阳，等. 槟榔固体饮料的加工工艺研究［J］. 中南林业科技大学学报，2009，29（101）：131-135.

［14］李海华，曾劲峰. 槟榔花口服液质量标准的修订［J］. 海南医学，2001，12（3）：30.

［15］蔡进军，张源润，王月玲，等. 坡地雨水资源潜力分析及径流侵蚀的动态变化［J］. 水土保持学报，2005，19（4）：44-47.

［16］徐宪立，马克明，傅伯杰，等. 植被与水土流失研究进展［J］. 生态学报，2006，26（9）：3137-3143.

［17］张敬昌. 坡地槟榔根系调查研究［J］. 水土保持研究，2002，9（3）：113-115.

［18］林壮沛. 栽植槟榔衍生问题之探讨［J］. 水土保持研究，1999，6（3）：130-138.

［19］董志国，刘立云. 山地栽植槟榔的水土流失问题及防治对策［J］. 中国水土保持，2008，8：48-49.

［20］万玲，陈良秋. 海南岛槟榔园地的生态建设现状与对策［J］. 现代农业科技，2007，15：232-233.

［21］陈超，林红生. 农田有防风林至少可减灾30%［N］. 海

南日报, 2005-11-22.

［22］Sujatha S, Bhat Ravi, Chowdappa P.Cropping systems approach for improving resource use in arecanut（Areca catechu）plantation.Indian Journal of Agricultural Sciences, 2016, 86（9）: 1113-1120.

［23］Kumara N, Sachidananda SN, Gowda BH.Intercropping in areca nut with vanilla under organic condition in Chikmagalore district of Karnataka, India.India Journal of Tropical Biodiversity, 2015, 23（2）: 237-240.

［24］Apshara SE.ICAR Growth and yield performance of Trinidad cocoa（*Theobroma cacao* L.）collections in Karnataka.Journal of Plantation Crops, 2015, 43（3）: 240-244.

［25］Vishwajith KP, Sahu, PK, Dhekale BS, et al. Exploring the feasibility of arecanut based farming systems in augmenting farm economy-a case study in Karnataka, India.（Special issue）Journal of Crop and Weed, 2015, 11（Special Issue）: 127-133.

［26］Acharya GC.Singh, L.S.Arecanut based cropping system: alternative pathway to achieve sustainability in North Eastern Indian.Indian Journal of Areccanut, Spices and Medicinal Plants, 2014, 16（1）: 23-26.

［27］Sujatha S, Bhat Ravi, Kannan C, Balasimha D.Impact of intercropping of medicinal and aromatic plants with organic farming approach on resource use efficiency in arecanut（Arecacatechu L.）plantation in India .Industrial crops and products, 2011, 33（1）: 78-83.

［28］王辉, 王灿, 杨建峰, 等. 海南主要热带经济林复合栽培发展现状与构建［J］. 中国热带农业, 2016（06）: 8-14.

［29］韩豫, 陈培, 陈彧. 海南林下种植何首乌前景展望［J］. 林业科技通讯, 2021, 581（05）: 66-68.

［30］张世青, 赵亚, 胡福初, 等. 槟榔－崖州硬皮豆间作栽

培技术［J］.中国热带农业，2021，100（03）：73-75，13.

［31］吴庆菊.幼龄槟榔和芦荟间种管理及病虫害防控技术［J］.中国热带农业，2021，100（03）：76-80，49.

［32］张世青，芮凯，赵亚，等.百香果–槟榔套种栽培技术［J］.中国南方果树，2021，50（03）：159-162，166.

［33］庄辉发，杨效，赵青云，等.槟榔/香草兰间作促进植株氮养分转化与利用［J］.热带作物学报，2021（10）：1-8.

［34］颜彩缤，胡福初，王彩霞，等.槟榔–平托花生间作对土壤养分和土壤酶活性的影响［J］.热带农业科学，2020，40（11）：14-22.

［35］鱼欢，唐瑾暄，李倩松，等.间作香露兜提高槟榔根系生长和土壤酶活性［J］.热带作物学报，2020，41（11）：2219-2225.

［36］罗丽霞，李志刚，曹俊伟，等.间作槟榔对胡椒根系空间分布的影响研究［J］.中国热带农业，2020，97（06）：88-93.

［37］杨焰平，何天喜，李维锐.云南橡胶园间作中药材资源调查分析［J］.热带农业科技，2008，31（04）：1-6.

［38］张向军，李婷，张尚文，等.基于专利分析的国内铁皮石斛产业发展研究［J］.湖南农业科学，2021（05）：104-107.

［39］黎明，苏金乐，武荣花，等.铁皮石斛营养器官的解剖学研究［J］.河南农业大学学报，2001，35（2）：125-129.

［40］丁鸽，丁小余，沈洁，等.铁皮石斛野生居群遗传多样性的 RAPD 分析与鉴别［J］.药学学报，2005，40（11）：1028-1032.

［41］刘仲健，张玉婷，王玉，等.铁皮石斛（Dendrobium catenatum）快速繁殖的研究进展：兼论其学名与种名的正误［J］.植物科学学报，2011，29（6）：763-772.

［42］范滕飞.铁皮石斛人工种子工业化生产关键技术［D］.大连：大连工业大学，2014.

［43］方妙听，张青华，王军，等. 铁皮石斛栽培、组培技术研究进展［J］. 安徽农学通报（上半月刊），2012，18（19）：40-43.

［44］庞璐，赵兴兵，吴维佳，等. 珍贵濒危药材：铁皮石斛栽培技术［J］. 企业技术开发，2011，30（17）：122-123，146.

［45］沈松，吴应华，施发兵，等. 铁皮石斛人工栽培技术［J］. 安徽林业科技，2021，47（03）：36-37，40.

［46］马益明. 铁皮石斛栽培管理的措施摸索与探讨［J］. 广东轻工职业技术学院学报，2015，14（4）：26-28.

［47］陈美钦. 铁皮石斛无土栽培基质选择与营养液配方的优化［D］. 福州：福建农林大学，2015.

［48］彭坚. 不同基质对千宝菜品质和产量的影响［D］. 长沙：湖南农业大学，2005.

［49］陈宜均，李康琴，邓绍勇，等. 铁皮石斛栽培基质研究进展［J］. 南方林业科学，2021，49（03）：57-60，73.

［50］张干. 大埔县林下铁皮石斛种植技术要点［J］. 南方农业，2021，15（15）：82-83.

［51］陆志舸. 黔南州林下仿野生铁皮石斛栽培技术探讨［J］. 中国林副特产，2020（4）：60-61.

［52］李庆迪. 乐清地区铁皮石斛产业发展对策研究［D］. 重庆：西南大学，2020.

［53］张春岚，胥雯. 铁皮石斛的林下立体栽培管理［J］. 林业与生态，2021（06）：39.

［54］何天喜，赵国祥，李维锐. 云南橡胶园间作中药材资源调研［A］. 中国热带作物学会. 热带作物产业带建设规划研讨会——天然橡胶产业发展论文集［C］. 中国热带作物学会：中国热带作物学会，2006：4.

第五章

其他经济林下
南药种植模式

第一节　海南其他经济林生态种植概况

除橡胶、槟榔外，海南还有其他种类繁多经济林，水果类的芒果、荔枝、龙眼、椰子、柑橘、红毛丹等，木本油料类的油茶、油棕，饮品类的咖啡、可可，药材类白木香、降香等。

第二节　荔枝林下南药复合种植

一、海南荔枝林产业现状

荔枝（*Litchi chinensis* Sonn.）是无患子科荔枝属常绿乔木，高通常不超过 10m，有时可达 15m 或更高。荔枝果实除食用外，核入药为收敛止痛剂，治心气痛和小肠气痛。荔枝木材坚实，深红褐色，纹理雅致、耐腐，历来为上等名材。广东将野生或半野生的荔枝木材列为特级材，栽培荔枝木材列为一级材，主要作造船、梁、柱、上等家具用。荔枝花多，富含蜜腺，是重要的蜜源植物，荔枝蜂蜜是品质优良的蜜糖之一，深受广大群众欢迎。荔枝树喜高温高湿，喜光向阳，它的遗传性要求花芽分化期有相对低温，但最低气温在 –4 ～ –2℃又会遭受冻害；开花期天气晴朗温暖而不干热最有利，湿度过低，阴雨连绵，天气干热或强劲北风均不利于开花授粉。花果期遇到不利的灾害天气，会造成落花落果，甚至失收。

海南是荔枝的原产地之一，具有丰富的荔枝种质资源和悠久的栽培历史。20 世纪 90 年代，在全国荔枝产业快速发展的大背景下，得益于早熟优质品种"妃子笑"的大力推广，海南荔枝产业进入了飞跃式发展阶段，成为仅次于香蕉和芒果的海南第三大热带果树产业，荔枝产业也已成为海南促进农民增收、助推乡村振兴战略的重要抓手。

由于地理位置和气候优势，海南已经成为我国荔枝最早熟的优势产区，荔枝产期为 4 月下旬至 5 月下旬。海南荔枝具有上市早、价格好、效益高等优势，在全国荔枝鲜果市场供应上发挥着重要的调节作用，受到消费者的欢迎，2014 ～ 2019 年海南荔枝的种植面积在 2 万公顷上下波动，2019 年末荔枝种植面积为 2.04 万公顷。随着产业技术的稳步发展，海南荔枝产量在 2014 年之后保持相对稳定的水平，2019 年海南荔枝产量为 17.3 万吨。2020 年 4 月和 5 月产量分别为 5.17 万吨和 8.46 万吨。

为了提高海南荔枝产业的高质量发展，海南从各方面做了大量的工作。由红明农场公司牵头组建海垦红明荔枝产业集团，荔枝种植规模占全省三分之一，通过品牌塑造、质量控制、现代营销等方式，整合垦区荔枝产业资源，全力推进产业优化升级，提升垦区荔枝产业效益，把海垦荔枝产业打造成具有国内外竞争力的农业品牌产业。海口联合盒马、阿里云引入数字化产供销经验，推动荔枝的生产、仓储、运输、销售各环节进一步升级，实现全程数字化管控。海南省农业农村厅印发的《海南省热带特色高效农业全产业链培育发展三年（2022—2024）行动方案》明确提出，将全产业链发展荔枝产业，适度扩大无核荔枝等高端品种的生产规模，强化海南荔枝在 RCEP 成员国的宣传推介力度等。

二、荔枝林复合农业实践

荔枝栽培一般以行株距为 6m × 5m，300 ～ 450 株 / 公顷为较合理的密度。另外荔枝前期生长缓慢，定植后需要 3 ～ 4 年才会有树冠，7 ～ 8 年才会挂果。良好的生态环境，加上森林群落内乔灌草的层次分布，为动植物提供了理想的生存环境，各种鸟类、节肢动物、昆虫等在林内栖息，苔藓、地衣类植物寄生其间。海南羊山荔枝种植系统利用复合农业模式时空结构的合理配置，打破了单一的农业或林业模式，将林果与作物、药材及禽畜等有机结合，形成多类型、多层次、多功能的立体复合种植系统。羊山荔枝种植系统内常见的复合农业模式包括农田林网、林果间作、林农复合等多种形式。农田林网是海口羊山荔枝种植系统最具代表性的一种复合农业生态系统，常以荔枝、香蕉、木瓜、椰子等果树为林网，主要农田作物有水稻、木茨、小米、玉米、大茨、毛茨等粮食作物，和花生、芝麻、茶油、甘蔗等经济作物。系统内常见与荔枝间作的林果作物包括黄皮、槟榔、香蕉、菠萝、芒果、龙眼、菠萝蜜、番木瓜、莲雾、杨桃、石榴、椰子、火龙果及柑橘橙柚类水果等。系统内林农复合包括林果粮、林果菜、林果药、林果油料作物、林果禽、林果畜等多种形式。复合生态系统发挥着遗传资源与生物多样性保护、防风固土、水源涵养与水量调节等重要的生态功能。荔枝林地下强壮且成网络的根系，与土壤牢固地盘结在一起，从而起到有效的固土作用。此外，荔枝根系深入土层，能促进土壤熟化过程，改善土壤结构。野生荔枝林与古荔枝树，很多分布在田间地头，与农田形成了较好的农田林网结构，能够显著降低风速和改变风向，保护农作物。大片的森林在雨季时能集水和储水，调节暴雨洪水；旱季时，释放储水，为湿地补水；对周围湿度、降水、温度、风力都有着明显的调节作用；吸收空气中的污染物质、阻滞粉尘和降低噪声，产生负氧离子。在荔枝林的保护下，海南火山岩地带形成了农、林、牧和谐发展的生态系统。

三、荔枝林下种植技术（以南板蓝为例）

板蓝 *Baphicacanthus cusia*（Nees）Bremek 是爵床科板蓝属多年生草本植物，别名马蓝。其根茎入药称南板蓝根，具有清热解毒、凉血消斑的功效，是我国常用大宗药材。茎叶经加工为中药青黛，味咸，性寒，归肝经，具有清热解毒、凉血消斑、泻火定惊的功效。

1. 疏林

南板蓝最适合生长在 50% ~ 70% 遮光度的林间，因此，如荔枝林过密则需要清林，把荔枝树部分枝条剪去，这样不仅有利于南板蓝的生长，通过修剪也可以提高荔枝的挂果率。

2. 选地整地

选择具有土层深厚、疏松肥沃、排水良好的红壤、红黄壤和黄壤土的荔枝林。把荔枝林下落叶清掉，浅耕，碎土，撒施厩肥、草皮灰等混合肥 15,000 ~ 22,500kg/hm²，过磷酸钙 450kg/hm² 作基肥，混匀肥料与表层土，耙平，起 10 ~ 15cm 高的畦，畦的长宽视地而定。

3. 种苗繁育

一般采用扦插繁殖，春季（3 ~ 5 月）或秋季（10 ~ 11 月）进行。选择土质疏松、灌溉方便的平整田地或平缓山丘作为育苗地。选取生长良好的枝条，截成具 3 ~ 4 个节的枝条用于育苗。按行距 15cm，开沟深 10 ~ 15cm，按株距 3 ~ 5cm 将插条顺芽生长的方向摆入沟中，插条要求有 2 个芽埋入土中，覆土压实。若天气较干旱，要经常淋水，雨季注意排水。气温过高时可搭遮荫棚。10 日左右生根，约 1 个月可用于种植。

4. 定植

只要有灌溉条件均可移植，以春季最宜。利用边行效应，窄株距宽行距种植，一般株行距为（20～25）cm×50cm。开穴种植，每穴一株，淋足定根水。

5. 田间管理

定植后 1 个月，检查种苗生长情况，如缺苗可用备用苗补栽。经常浇水保持土壤湿润，雨季注意排水。6～10 月茎叶生长旺盛期宜勤追肥，可一个月施一次复合肥，每次用肥量约 450kg/hm²。

6. 病虫害防治

目前不管野生或人工栽培，病虫害均较少。人工栽培发现的病害有白粉病、根腐病霜霉病。虫害有蜗牛和斜纹夜蛾。综合的防治措施：注意排出积水；适当通风透光，但避免强光；多施磷钾肥，提高植株抗病力。化学防治：在病害流行期可用波尔多液、多菌灵每隔 7 日左右喷洒 1 次，连续喷洒 2～3 次。发生根腐病时，应立即拔除病株烧毁，并用石灰粉消毒病穴，以防止蔓延；斜纹夜蛾流行期间可用 2.5% 溴菊酯 2500 倍液喷杀低龄幼虫，用杀虫灯诱杀成虫。蜗牛危害期间可用四聚乙醛颗粒剂与豆饼粉或玉米粉等混合做出毒饵于傍晚撒施诱杀。

7. 采收与加工

在 11～12 月植株停止生长之后采收。采收时保留一个节（大约离地 10cm）剪取地上部枝叶。3～4 年后的冬季连根拔起采收，分开根、根茎和枝叶分别晒干，保存于通风干燥处。

第三节　降香林下南药复合种植

一、降香树栽培概况

降香（*Dalbergia odorifera*），又称降香檀，黄花梨，是豆科黄檀属乔木，是海南特有种，为国家二级保护植物。其树干和根的干燥心材是传统药材，具有行气活血、止痛、止血的功效，另外因其心材稳定性强、色泽莹亮、纹理瑰美等因素，还是制作名贵家具、高档工艺品的上等用材。由于降香具有极高的药用价值和经济价值，市场需求量大，而野生资源趋近枯竭，因此近年来人们对降香进行了大面积的人工栽培。

降香适生于高温多雨地区，根据《中国树木志》记载，野生海南降香产于海南岛除万宁、陵水、五指山市以外的各市县。降香为强阳性树种，在陡坡、山脊、岩石裸露、干旱瘦瘠地均能适生，但以花岗岩母质风化和玄母岩母质风化的砖红壤性土壤生长较好。现人工栽培主要种植于海拔 350m 以下的丘陵和平原地区，年均气温 21 ～ 25℃，极端最低气温 -1 ～ 4℃，年均降水量 1,000 ～ 1,500mm，年均空气湿度 70% 左右。目前我国降香主要为人工栽培的小片新植林及零星种植，种植面积不足 2 万公顷，其中海南岛种植降香约为 1.5 万公顷，主要分布在海南东方、白沙、昌江、乐东等市县。

降香是阳性树种，树冠较大，主干多不通直，树皮浅褐色至黄褐色，略粗糙，分枝多，叶片浓绿，在雨水充沛的地区，生长速度较快，旱季多出现落叶现象，但有少数生长在山麓，土壤水分条件好的雨林中，可保持常绿状态，仅在 3～4 月，有 3～5 日的短期换叶。从当前降香的实际种植现状来看，选取的株行距一般为 3m×4m、3m×3m，结合实际立地条件对种植株行距进行控制。降香的生长周期较长，生长尤为缓慢，人工种植的海南黄花梨，从幼苗生长开始，约 15 年后才开始结心材，20 年树龄的降香树胸径 17～20cm，心材直径只有 2～5cm。

从上述描述中可见，降香生长缓慢，周期长，投入资金大，严重制约其产业发展，为解决降香黄檀生长周期长的问题，充分发挥林地生产力，对降香林下进行套种或间种其他植物是提高林地经济效益的主要途径之一。

二、降香 - 石斛附种实践

石斛是一种珍贵中药材，有"中华九大仙草"之首、"药中黄金""救命仙草""药界大熊猫"等美称。"海口火山石斛"已被列为海口市十大农业品牌之一，并获得国家地理标志认证。

石斛兰属植物喜温暖、湿润、阴凉的环境，常生长在丛林树上和湿润的石头上，与附生植物不是寄生关系，但其生长发育受附生植物的影响较显著。肖玉研究发现降香树干比较适合附种石斛，可能与它树皮粗糙有关，而且发现附种石斛后，降香的平均胸径提高 18.33%。在此基础上，他们提出，在华南地区种植铁皮石斛，选择混合基质（松树皮＋花生壳＋马占相思树皮）为筛苗基质，附生林分郁闭度为 30%～50% 的降香树干中部是值得推广的"以林养林"复合经营模式。但也有报道说降香林下不适合石斛，这可能跟选用的石斛品种和降香的树龄不同造成的。

石斛林下栽培为石斛提供了接近天然的良好生长环境，保证了石斛品质，有广阔的市场需求。在海南的良好生态环境下，在科学种植的基础上，石斛无论产量、质量、效益都十分可观，又有良好的市场前景可以期待，值得大力推广。在海口市石山镇的斌腾村，自 2013 年石斛产业入驻以来，发展原生态石斛种植 54 公顷，建设种苗中心 14 公顷。斌腾村按照"不砍树，不占地，让美丽生钱"的要求，利用槟榔树、椰子树、沉香树等林木，大力发展石斛仿野生种植，在石斛产业的带动下已实现整村脱贫。海南石斛健康发展股份有限公司董事长彭贵阳介绍，该公司和当地政府将全面启动斌腾村乡村振兴示范村建设，鼓励农户以林地、土地等生产资料入股，开展规模化、集约化生产经营，使石斛产业成为助推脱贫攻坚和乡村振兴的支柱产业。

檀香 + 降香黄檀混交林是当前南方地区广泛种植的珍贵树种人工林，近年来随着推广种植面积不断扩大，其生态效益也愈加突出。刘敏等筛选出降香 + 檀香混交林下套种广东紫珠的适宜密度为行间栽种 3 行，6 个月收获 1 次，每年可采收广东紫珠 1,479.08kg/hm^2（鲜重），收入可达 5,916.33 元 / 公顷，显著增加林农短期收益，为降香规模发展提供了一种实用可行的经营模式。

侯倩研究发现在郁闭度为 0.3～0.5 的降香林下，金花茶综合生长情况最佳，成活率高达 98%，年生长量 25～55cm。杨权等在实地调查的基础上，运用构建的灰色关联度分析评价体系，对降香林下常见的 30 种植物在降香林下栽培的适应性进行了研究，结果发现假地豆、三点金、链荚豆、地不容和黑麦草等 5 种植物最适合在降香林下种植，龙血树、牛大力、假蒟、木薯、落花生、藿香蓟等 9 种比较适合在降香林下种植，而狸尾豆、紫苜蓿、马蹄金、绣球小冠花等不适合在降香林下种植。基于上述研究，他们建议降香黄檀林下伴生种优先选择豆科的灌木，豆科的草本、藤本次之，此外可以考虑禾本科、大戟科的植物；而在林分垂直空间上进行多层次复合搭配林下伴生种、构建丰富的林相是降香人工林近自然健康经营的关键所在。谢立新在海南省东方市东河镇 200 公顷降香种植基地发展了不同的林下经济模式，旨在建立降香林下经济发展的示范基地。在降香林下种植珍稀南药牛大力、长春花、益智各 50 万株；另外还间作热带瓜菜折合 66.67 公顷，同时养殖数量不等的坡鹿、鸡、鹅等。该项目的实施带动周边群众种植黄花梨，发展林下经济，推动黄花梨产业化发展，不仅能增加珍用材林资源储备，保护了原生濒危海南黄花梨树种，带来显著的生态效益社会效益和经济效益，同时又可优化生态环境，为实现当地经济可持续发展创造良好的条件。

三、降香林下种植技术（以铁皮石斛为例）

铁皮石斛是一种典型的附生兰科植物，可以附生在不同的基质上。在云南、贵州、广西等石灰岩地区，铁皮石斛常附生在山地森林的树枝树干上或石壁表面；在华东地区，铁皮石斛则生长在酸性的火山岩或花岗岩表面。石斛一般采用无性繁殖，以分株繁殖法为主，扦插和高芽法为辅。石斛栽培方法因地区、种类有所不同，常见的有附树栽培、岩壁栽培和盆栽等。一般选择树皮较厚、纵沟较多、表皮水分含量高的树种为附生树种。

1. 林分处理

选择有清洁灌溉水源、远离厂矿污染、地势平坦、交通便利的乔木林，树高在 6m 以上且胸径在 10cm 以上的乔木树种，树龄不限，一般树体表皮越粗糙，越适合铁皮石斛扎根附生。在移植铁皮石斛前，对乔树林下进行全面清理，清除灌木和杂草，以减少蜗牛、蛞蝓等害虫滋生。此外，还要对种植的树木进行清理，先清理枯枝、萌芽枝，然后适当修枝，调整林分的郁闭度在 50% ~ 70%。

2. 移植上树

结合当地气候条件，选择优质高产的优良石斛品种。确定品种后，一般选用生长健壮、茎长在 10cm 以上、单株分枝不少于 5 个、无病虫害的生长 1 年、1.5 年或 2 年的铁皮石斛种苗。移植上树时要求环境气温稳定在 15℃以上，在文成县低海拔山区，每年的 3～5 月都可进行种植。在树干上间隔 30cm 种植 1 圈，每圈用无纺布或稻草自上而下呈螺旋状缠绕，绑住铁皮石斛苗的根部，进行固定，松紧度以苗不滑落为准。捆绑时，只可绑其靠近茎基的根系，露出茎基，以利于发芽。在树干上按 3～5 株 / 丛、丛距 8cm 左右栽植种苗。

3. 喷灌设施

在栽种种苗前铺设喷水系统。理想的是在种植林地的上方建贮水池，这样可通过落差自由喷水，节省能源，降低养护成本。喷水管道的铺设高度，一般距种植的最上层 50～100cm，安装 1 个雾化喷头，树体较大的可增设 2～3 个，确保水雾能喷到每棵铁皮石斛苗。夏、秋季晴日早晚各喷雾 1 次，每天喷水控制在 1 小时左右，雨后不需喷雾；冬、春季一般不喷雾，如遇多个晴日、空气湿度低于 60% 时，可开启喷雾 30～40 分钟。

4. 树体管理

根据林分生长的变化，冬季应对种植的树木进行适量修剪，确保林分的郁闭度始终在 50%～70%。修剪过程中尽量减少对铁皮石斛的损坏，并对乔林下进行全面清理，清除灌木和杂草，以减少蜗牛、蛞蝓等害虫的发生。由于种植环境限制，冬、春低温期不使用任何设施进行保温。

5. 日常管理

野外附生生长的铁皮石斛对湿度要求较高，正常情况下，生长季节林分内空气湿度应保持在 80% 以上，冬季空气湿度保持在 60%

左右；夏秋季温度较高、空气湿度小，于晴天16点以后进行喷雾保湿，雨后不需喷雾。适度的光照能促进铁皮石斛的健壮生长，夏季在散射光条件下，树下和树膛内温度应保持在23～26℃。由于种植环境限制，活树附生种植的铁皮石斛不需要施肥，如果条件允许，在生长期可以施用钾肥和有机液肥，采用叶面喷施的方法，促进铁皮石斛生长，提高产量和改善品质。

6. 病虫害防治

乔木林下树上附生种植的石斛由于通风条件良好，很少发病，根据多年的种植经验，只偶有发现少量黑斑病，没有对铁皮石斛正常生长造成影响，因此不需要使用农药进行防治。虫害主要为蜗牛和蛞蝓，可在危害高峰（5～7月）的阴雨间歇期，在树干基部撒施6%四聚乙醛颗粒剂或用50%辛硫磷乳油7.5kg/hm² 加鲜草750kg/hm² 拌匀，于傍晚撒在林下诱杀。如果进行有机种植，可在林下养殖鸡等家禽，利用鸡取食害虫和杂草，同时利用鸡的活动破坏害虫的生活环境，达到防治害虫的目的。

7. 采收加工

附生种植的铁皮石斛可以采收石斛花、茎条。受气候因素影响，野外种植的铁皮石斛开花时间一般在5月开始，7月结束。因此，应准确掌握采收时间，及时采摘出售或加工，制作干花保存。当年的新生茎条应在第2年7月以后采收，茎条采收分为鲜条和加工用茎条，采收时应注意保护铁皮石斛的根茎，用锋利的剪刀从茎基部剪取，基部两节如果有新芽应保留，鲜条应选择比较柔嫩、叶片完好呈绿色为好，采收后按每捆0.50kg或0.25kg进行包装，附生种植的鲜条一般现采现卖；加工用的选取充分成熟、叶片老化或脱落的茎条，老熟茎条烘干加工成干条保存，或磨成粉保存。

8. 铁皮石斛栽培基质的选择

栽培基质是石斛依附生长的附主，栽培基质的选择和处理是石斛组培苗定植成活和生长的关键，一般选用沥水、透气、耐腐的材料作基质较好，如炭粒、椰子壳或经发酵处理过的树皮、木屑等。将基质备好后装入种植盘中待用。大棚内一年四季均可移栽、定植，一般在 2～6 月，选择早晚种植最佳，这期间移栽的幼苗，成活率高，恢复生长快，生长期长，为第 2 年投产积累了足够的养分。将石斛组培苗，小心掰开，3～5 株为 1 丛，每盘种植 15 丛，按丛行距 9cm×6.75cm，栽入准备好的种植盘中，再用备好的椰子壳盖上。

应注意：椰子壳不用盖得太多；分苗、栽苗时动作要轻；不要损伤幼苗和根部。

第四节　油茶林下南药复合种植

一、油茶林概况

油茶（*Camellia oleifera* Abel.）属于山茶科山茶属灌木或中乔木，是世界四大木本油料植物之一。种子含油量 30% 以上，是优质食用油，有"东方橄榄油"之美称，也可作为润滑油、防锈油用于工业。茶饼既是农药，又是肥料，可提高农田蓄水能力和防治稻田害虫。果皮可提制栲胶、皂素和糠醛等。

全世界范围内有 200 多种油茶，我国就拥有约 90% 的品种。油茶在我国不仅分布广泛，栽培历史也很悠久。为推动油茶产业发展，2009 年国家发展改革委、国家林业局等部门联合印发了《全国油茶产业发展规划（2009—2020 年）》，通过该规划的实施，力争使我国油茶种植总规模达到467万公顷，全国茶油产量达到250万吨。海南作为油茶的原生分布区，其种植历史至少可上溯至明代。海南油茶生长在独特的热带环境中，其种子富含维生素E、不饱和脂肪酸及多种微量元素，再加上海南特有的热炒压榨方式，使得油茶籽油具有独特的芳香。海南将本地的油茶果称为"山柚"，其茶籽油称为"山柚油"，山柚油具有广泛用途与神奇功效，被海南人民视为珍品。同时，油茶林是良好的生态林，油茶也是农林业产业结构调整、精准扶贫的重要经济作物，发展海南油茶产业具有很高的经济效益、社会效益和生态效益。据统计，截至2017年7月，海南省油茶种植总面积约为0.53万公顷，2017年10月海南省林业厅发布《海南省油茶产业发展规划（2017—2025）》，计划到2025年全省油茶总面积将达2.4万公顷。

油茶属常绿小乔木，一般高2～6m，喜温喜湿不耐寒，对土壤要求不高，在贫瘠的土壤中也能生长，但疏松、肥沃的土壤能够促进油茶发育。油茶苗种植后5年才能产生经济效益，但油茶幼林的管理，如除草，水肥管理等需要大量的人力和物力，前期成本高，已成为限制油茶产业发展的重要原因之一。另外油茶栽植密度一般为（2～3）m×3m，从种植到树冠形成、林分郁闭需要6～7年的时间，其间林行间土地裸露面积大，林下还有大量空间适合种植生长周期较短的中药材植物。即使成年油茶林，林下空间也可以种植喜阴的药用植物。因此，如能建立适宜的油茶复合栽培经营模式，对油茶林经济效益的提高必将起到积极的作用。

二、油茶林复合种植实践

许新桥等通过比较林药、林粮、林菌、林油和林禽等多种油茶林下复合经营模式，发现中药材是油茶林下复合经营的优势品种，特别是太子参和射干这种多年生品种，由于劳动投入成本较低，管理相对简单，且收益较高，是较优的经营模式。并提出在选择油茶林下复合经营品种时，应依据"利土壤肥力、利油茶生长、利稳定收益"的原则，选择油茶林下复合经营品种。

有学者研究发现在油茶进入盛果期前间种黄菊，可将林地产出效益从 9,382.2 元／公顷提高至 181,370.6 元／公顷，经济效益提高了 19.6 倍，另外通过间作黄菊，将 0 ～ 20cm 的表层土壤有机质含量提高了 2.6 倍，同时林下种植黄菊后，油茶抽梢数量增加了 25.3%，平均梢长增加 24.0%；树高、地径和冠幅的生长量分别增加 14.3%、32.2% 和 27.8%。陈隆升等研究表明间作芳香植物迷迭香可显著促进油茶花芽的分化，比对照组提高了 29%，并能极显著降低油茶幼林虫害的发生程度，虫害指数减少了 91.1%，效益分析表明，仅间种的迷迭香平均年产值为 29,250 元／公顷，平均年利润可达 17,775 元／公顷。

黄彤等研究发现，油茶林下栽培赤菇简单粗放、栽培原料来源丰富、成本低、产量高，是一种值得广泛推广的种植模式。向伟等研究发现，在油茶幼林期间种丹参，能产生可观的经济收益，可操作性强，值得大面积推广。另外在油茶幼林下种植半夏、白及（黄红英）、七叶一枝花（徐梁）、香茅、巴戟天（管天球）等药用植物都有不错的收益。

综上可见，油茶进行合理林下栽培，不仅可以增加经济收入，通过以耕代抚，以耕代管节省大量抚育和管护成本，而且可以提高油茶产量、品质，充分发挥土地的综合效益，另外还可以对油茶林生态、环境等起到改善作用。

三、油茶林下种植技术（以赤菇为例）

1. 地块准备

清除油茶林下的杂草灌木，翻土，根据梯面宽度整地、起畦、消毒后，撒上食盐和米糠混合物（食盐和米糠按1:5的比例混合），防止蛞蝓和蜗牛对赤菇的危害。

2. 培养料选择

赤菇生长的营养物以碳水化合物和含氮物质为主，另外还需要微量的无机盐类。稻草、麦秆、木屑、麸皮、米糠等可作为思壮赤菇生长的培养料。可选择油菜秆、玉米芯、麦麸碎按比例混匀后用水浸透（含水量70%左右，以用手拧紧，培养料中有水滴断线渗出为宜），作为培养料。

3. 铺料

将培养料均匀铺在整好的地块上形成菌床。铺料厚度15～20cm，上面向内缩，以便于雨季排水。

4. 播种

将菌种掰成小块，点播在培养料中。播种穴深3～5cm，穴距10～12cm。播种完后用手轻轻将菌种用培养料覆盖。

5. 覆盖稻草

播种完成后，用稻草将菌床均匀覆盖，以保水、保温和遮光。稻草覆盖厚度随气温高低稍有不同，高薄低厚，以能保证赤菇正常生长为宜。栽培过程中遇到降雨多的时候，要将稻草翻转，蒸发水分，避免水分过多对赤菇生长造成不利影响。覆盖物也可根据实际情况选用麦草、旧麻袋、无纺布、草帘、旧报纸等。

6. 发菌期管理

赤菇的产量和质量直接取决于发菌期的栽培条件。温度是影响赤菇菌丝生长和子实体形成的重要因素。赤菇耐低温、怕高温，适宜生长温度为 5 ～ 25℃，低于 5℃或高于 30℃均不适宜其生长。其中菌丝生长的适宜温度为 10 ～ 20℃，菇蕾形成的适宜温度为 5 ～ 20℃，子实体发育期及出菇时的适宜温度为 5 ～ 20℃。水分是赤菇菌丝及子实体生长不可或缺的因子。培养基质含水量为 65% ～ 80% 时菌丝生长正常，其中最适含水量为 70%，在生长过程中可以通过干旱时适当喷水，降水多时排水，并结合翻转稻草蒸发水分的方式，以保持培养料湿度在 70% ～ 75%。另外，赤菇子实体发生阶段所需的空气湿度较高，一般为 85% ～ 95%。光照和氧气对赤菇生长也有一定影响。赤菇菌丝生长不需要太多光照，但子实体的形成需要适量散射光，而油茶林遮荫和稻草覆盖造成的散射光足以满足其需要，并且有利于菇体色泽艳丽、健壮、产量高、质量好。赤菇属于好气性菌类，但菌丝生长阶段对通气要求不严格，而子实体生长阶段需要新鲜而充足的氧气保证其正常生长，所以在此阶段要特别注意清理林下杂草，翻转覆盖的稻草，以通风透气，为赤菇高产优质创造条件。

7. 采收

采收的标准为子实体的菌褶尚未破裂、菌盖呈钟形，时间为 50 日左右。最迟应在菌盖内卷、菌褶呈灰白色时采收。成熟度不同，赤菇的品质、口感差异很大，一般以没有开伞的为佳。

参考文献

［1］蔡森. 海南省热带高效经济林发展规划与对策［J］. 热带林业，1996，24（4）：140-143.

［2］王媛媛，秦海棠，邓福明，等. 基于联合国粮农组织 2000 ～ 2016 年统计数据库的全球椰子种植业发展概况及趋势研究［J］. 世界热带农业信息，2018（5）：1-13.

［3］卢琨，侯媛媛．海南省椰子产业分析与发展路径研究［J］．广东农业科学，2020，47（6）：145-151.

［4］伍湘君，樊军庆，毛舟，等．椰子剥衣机研究现状与发展趋势［J］．食品与机械，2014，30（2）：262-265，27.

［5］张磊．新媒体环境中海南象征符号的建构［D］．海口：海南大学，2019.

［6］罗文杰，罗文中．海南椰子产业发展的条件和对策［J］．海南师范大学学报（自然科学版），2001，14（2）：45-47.

［7］吴师强．海南百万亩椰林工程建设规划通过论证［J］．林业科技开发，1999（2）：28.

［8］高志晖，赵文婷，孙佩文，等．世界各国（地区）沉香资源与保护［J］．中国现代中药，2017，19（8）：1057-1063.

［9］林彬，郭运勇，曾祥全，等．海南省白木香培育现状及发展建议［J］．热带林业，2019，47（2）：44-47.

［10］张先昌．着力破解沉香产业发展瓶颈问题发挥资源优势打造千亿元新兴健康产业［J］．决策参考，2019（10）：54-59.

［11］张巍，辛同宁，韦开蕾，等．基于比较优势分析的海南芒果发展对策［J］．中国热带农业，2015（1）：20-22.

［12］朱杰．海南芒果产业关键技术［J］．农业工程，2020，10（2）：125-127.

［13］陈舒曼．基于钻石模型的海南省芒果产业竞争力分析［J］．南方农业，2021，15（16）：79-85.

［14］钟勇，黄建峰，罗睿雄．海南芒果产业现状，问题与发展建议［J］．中国热带农业，2016，3（70）：19-22.

［15］王青，王宁．海南咖啡中的"少数派"［J］．中国国家地理，2013（2）：146-149.

［16］刘堂琳．在开放格局中做大做强海南咖啡［J］．中国农

垦, 2018, 2: 46-47.

[17] 欧阳欢, 龙宇宙, 董云萍, 等. 兴隆咖啡产业发展的SWOT分析 [J]. 中国科技纵横, 2013 (16): 253-254.

[18] 欧阳欢, 王庆煌, 龙宇宙, 等. 海南咖啡产业链延伸和拓展对策 [J]. 农业现代化研究, 2012, 33 (1): 55-58.

[19] 陈桂权. 海南岛的咖啡文化 [J]. 金融博览, 2018 (21): 74-77.

[20] 韩剑, 何凡, 陈业光, 等. 海南龙眼关键生产技术 [J]. 农学学报, 2006 (11): 31-33.

[21] 陈业光, 过建春, 何凡, 等. 海南荔枝发展现状及对策 [J]. 中国热带农业, 2008 (3): 21-23.

[22] 胡福初, 陈哲, 吴凤芝, 等. 海南荔枝产业发展现状与对策建议 [J]. 中国热带农业, 2020, 95 (4): 31-35.

[23] 苏钻贤, 杨胜男, 陈厚彬, 等. 2020年我国荔枝主产区的生产形势分析 [J]. 南方农业学报, 2020, 51 (7): 94-101.

[24] 韦树根, 闫志刚, 董青松, 等. 荔枝林下南板蓝种植技术 [J]. 大众科技, 2015, 17 (185): 115-116.

[25] 杨权, 刘君昂, 吴毅, 等. 降香黄檀人工林林下植被适应性评价 [J]. 中南林业科技大学学报, 2016, 36 (8): 33-38.

[26] 黄浩伦, 李芳书, 黄慧德. 海南黄花梨发展探讨 [J]. 农业科学与技术: 英文版, 2015, 16 (11): 2539-2542.

[27] 韦金朵. 珍贵树种降香黄檀栽培技术及发展略述 [J]. 农业与技术, 2019, 39 (8): 81-82.

[28] 黄浩伦, 麦雄俊, 黄慧德. 我国海南黄花梨资源与开发研究 [J]. 中国农业资源与区划, 2018, 39 (9): 123-129.

[29] 肖玉. 铁皮石斛苗期基质和林下栽培研究 [D]. 北京: 中国林业科学院, 2015.

［30］崔之益，肖玉，杨曾奖，等．铁皮石斛种植技术体系［J］．生态学杂志，2017，36（3）：878-884．

［31］胡峰，邱道寿，梅瑜，等．广东地区铁皮石斛林下仿野生栽培技术研究［J］．广东农业科学，2016（2）：35-38．

［32］陈小平．对海南发展石斛林下经济推广的探讨［J］．农家科技旬刊，2019（1）：12．

［33］刘敏，王胜坤，张宁南，等．珍贵树种林下套种广东紫珠的密度效应研究［J］．林业与环境科学，2019，35（4）：56-59．

［34］侯倩，习灿林．珍贵树人工林下套种金花茶技术研究［J］．江西农业，2018（16）：82-83．

［35］谢立新．浅谈海南黄花梨培育与发展林下经济的效益［J］．中国林业经济，2016（6）：94-96．

［36］林江波，邹晖，王伟英，等．铁皮石斛林下种植技术［J］．福建农业科技，2016，306（2）：62-63．

［37］周广振，栾林莉，宋玉凤，等．海南白花油茶花药再生体系的初步建立［J］．经济林研究，2018（1）：49-56．

［38］戴俊，钟仕进．海南油茶产业发展现状与建议［J］．热带农业工程，2017，41（4）：61-64．

［39］孙颖，陈凯，刘小平，等．油茶林下药用黄菊种植技术与效益分析［J］．南方林业科学，2020，48（1）：39-41．

［40］许新桥，倪建伟，耿涌杭．油茶林下复合经营模式案例分析研究［J］．林业科技通讯，2020（1）：1-8．

［41］陈隆升，杨小胡，李志刚，等．间种迷迭香对油茶幼林生长及病虫害的影响［J］．中南林业科技大学学报，2016（5）：38-40．

［42］向伟，李双龙，郭毅，等．"油茶+丹参"复合经营技术及其效益分析［J］．南方农业，2020，14（25）：39-41．

［43］徐梁，成亮，曾平生，等．一种油茶林下七叶一枝花近

野生栽培方法［P］. 中国专利: CN111448951A, 2020-03-01.

［44］周丽珠, 杨漓, 谷瑶, 等. 一种油茶林下套种香茅的方法［P］. 中国专利: CN202010477762.6, 2020-05-29.

［45］蒋凡. 一种油茶林下种植巴戟天的方法［P］. 中国专利: CN110122134A, 2018-02-02.

［46］黄彤, 任燕, 夏榆森, 等. 油茶林下套种赤菇栽培技术要点［J］. 南方农业, 2020, 14（3）: 15-16.

［47］王斌, 秦一心, 闵庆文, 等. 海南海口羊山荔枝种植系统的遗产特征和价值分析［J］. 中央民族大学学报（自然科学版）, 2017, 26（4）: 16-21.

第六章

次生林下南药
种植模式

第一节　海南次生林生态概况

一、次生林定义及特点

（一）定义

在林业工作中，通常把森林群落分为三大类，即原始林、次生林和人工林。由于人工林是人类有目的有计划栽培的森林群落而易与原始林、次生林相区别，原始林和次生林是两个相对应的概念。原始林是在原生裸地上经过一系列植物群落演替，由长期适应当地气候、土壤等条件基本成林树种组成的，比较稳定的森林植物群落。次生林是原始林受到大面积的反复破坏（不合理的采伐、火灾、垦植过度、放牧等），原生植被几乎完全丧失的裸地上，由于原有生态发生巨大变化，由阳性阔叶树、灌木等形成的植物群落为次生林。

（二）特点

次生林的特点主要在于：一是树种组成复杂，稳定性差。如有喜光的先锋树种柳、山杨、桦木、栎类、侧柏、油松等，也有中庸和耐阴树种椴、漆、华山松、云杉、冷杉等。二是次生林多是无性起源的。原始林破坏后新发生大量阔叶树，大都具有很强的萌生能力，萌生幼苗、幼树多，生长迅速，如栎属、柳属、桦属、椴属和许多硬阔叶树。三是中、幼龄林较多，多是由封山育林形成的。四是疏密度过低，密度不均，呈块状或团状分布。五是次生林的病虫害比较严重。病害以干腐病最为严重，成熟、过熟林比中龄、幼龄林严重。虫害以食叶虫害较普遍。

二、海南次生林规模

（一）海南自然环境概况

海南岛地处热带北缘，属热带季风气候，素来有"天然大温室"的美称，这里长夏无冬，年平均气温 22 ～ 26℃，≥ 10℃ 的积温为 8,200℃，最冷的一、二月份温度仍达 16 ～ 21℃，年光照为 1,750 ～ 2,650 小时，光照率为 50% ～ 60%，光温充足，光合潜力高。海南省雨量充沛，年平均降水量为 1,639mm，有明显的多雨季和少雨季。每年的 5 ～ 10 月是多雨季，总降水量达 1,500mm 左右，占全年总降水量的 70% ～ 90%，雨源主要有锋面雨、热雷雨和台风雨，每年 11 月至翌年 4 月为少雨季，仅占全年降水量的 10% ～ 30%，少雨季干旱常常发生。海南省有着丰富的水资源，南渡江、昌化江、万泉河为海南的三大河，集水面积均超过 3,000 平方千米，流域面积达超 1 万平方千米。全省水库面积 5.6 万公顷，其中较大型的水库有松涛水库、大广坝水库、牛路岭水库、万宁水库、长茅水库、石碌水库等，其中松涛水库总库容量 33.4 亿立方米，为海南省最大水库，设计灌溉面积 14.5 万公顷。

（二）海南次生林情况及规模分布

海南地处热带，位于东经 107.50°～ 119.10°，北纬 3.20°～ 20.18°，是我国热带雨林资源最丰富、最典型的地区，热带天然林作为重要的陆地生态系统，发挥着保持水土、涵养水源、防风固沙、保护生物多样性等重要的生态功能。但是由于商业采伐、刀耕火种、人类聚集地的扩张等因素，热带天然林遭受了巨大的破坏，退化为天然次生林。截至 2006 年底海南省天然次生林面积达 65.9 万公顷，蓄积量 5988.5 万立方米，国内已经有很多学者对海南次生林的分布及规模进行了深入研究。

1. 白沙县次生林

海南岛白沙县（北纬 18° 56′～19° 29′，东经 109° 02′～109° 42′），东临琼海，西接昌江市，北抵儋州市，南临乐东市，是海南省第一大江南渡江的发源地。面积约为 2117.73 公顷，境内 41.9% 为山地，其中海南最高山鹦歌岭位于该县南部。白沙属于热带湿润季风气候，年降水量在 1,800～2,400mm，并且 70%～80% 的降水集中在 5～10 月。年最高温度 35～37℃，最低温度 5～6℃。土壤类型以砖红壤和山地黄壤为主，具有重要的生态地位。白沙县次生林属热带海洋性季风气候，高温多雨，光热充足，全年日照 2,056 小时以上，年平均气温为 21.9～23.4℃，年平均降水量为 1,725mm，山区气候特点突出，次生林主要以早期天然次生林下天然更新的乔灌木树种为主。

对次生林结构的研究结果显示：就直径生长而言，15 年的次生林年直径生长最大值为 0.79cm。就林木株数的死亡率而言，小径阶的林木具有较高的死亡率，随着径阶的增加，死亡率逐渐降低。就林木死亡率而言，15 年的次生林是 30 年的次生林的 3.6 倍，其原因可能是 15 年的次生林处于演替的早期阶段，其林分中早期的先锋种要多于 30 年的次生林，而随着演替的进行，林分逐渐郁闭，林下早期的喜光先锋种会逐步被淘汰。说明在演替的早期阶段，速生喜光先锋种在林分中占据一定的位置，进而林分表现出较高的死亡率和较高的生长力，随着演替的进行，森林群落逐步趋于稳定，死亡率降低，并且随着喜光先锋速生树种的相对减少，其生长量也表现出下降的趋势。

黎母山位于海南省中部地区白沙县境内，东邻琼中，南接乐

东，西连昌江，北抵儋州，总面积为 2,117.73km²。白沙县地形为
东南高，西北低，山地面积占 41.9%，全县大小山峰有 440 座，南
部鹦哥岭最高点为 1,812m。白沙县是海南省第一大江南渡江的发源
地，具有重要的生态地位。属热带海洋性季风气候，高温多雨，光
热充足，全年日照 2,056 小时以上，年平均气温为 21.9 ～ 23.4℃，
年平均降水量为 1,725mm，山区气候特点突出。结果表明：以枫香
（*Liquidambar formosana*）为优势树种的早期天然次生林下天然更新
的乔灌木树种共 47 种，其中乔木类（大、中、小）树种 24 种，占
更新层总株数的 30.11%，占更新层总重要值的 41.30%。更新层中，
以银柴（*Aporusa dioica*）、九节（*Psychotria rubra*）、三桠苦（*Evodia
lepta*）、山石榴（*Catunaregam spinose*）等喜光灌木或亚乔木树种
的天然更新数量多，属于聚集分布的种群；以鸭脚木（*Schefflera
octophylla*）为主的 31 种乔木树种属于优势度中等更新树种；黄樟
（*Cinnamomum porrectum*）、桢楠（*Machilus chinensis*）等 12 个乔木
树种虽优势度较小，但这类树种则是该次生林顺行演替后期的关键
树种，在未来的森林经营中应予以重点保护。

2. 昌江县次生林

海南昌江县自然保护区较多，有保梅岭省级自然保护区（北纬
19° 15′～ 19° 20′，东经 109° 03′～ 109° 08′）和海南西南部的霸王
岭林区（北纬 18° 53′～ 19° 20′，东经 108° 58′～ 109° 53′），其中保
梅岭地处昌江县与白沙县交界处，属热带海洋性季风气候，年平均
气温 24.9℃，年平均降水量 1,777.4mm。区域内土壤类型主要为砖
红壤和赤红壤，植被类型包括热带湿润雨林、次生林及人工林。桉
树人工林群落均为 2003 年种植的二代桉树林，平均胸径为 25.3cm，
平均树高为 24m，郁闭度 70%。次生林群落以叶被木（*Streblus
tuxoades*）、厚皮树（*Lunneu coromundelacu*）为主要优势种和建群
种，郁闭度 60%。由于特殊的地形地貌，保梅岭林区孕育了丰富的

热带动植物资源，现保存的森林是目前海南西部保存较好的低海拔热带天然林和次生林，是具有典型性的生态系统；同时，该地区是国际濒危物种、国家一级保护动物海南坡鹿的新野生种群重要聚居地，是二级保护动物穿山甲的重要分布地。另外，该地区又是昌江县最大水库昌江水库重要水资源林林区。因此它是海南省西部重要的水源涵养区、维持生态系统良性循环的重要地带。

保梅岭自然保护区总面积 3,844.3 公顷。该地区记录维管植物1,294 种，其中有国家重点保护物种 14 种，海南特有植物种 122种。陆栖脊椎动物 238 种，昆虫 360 余种，鱼类 18 种。保梅岭有珍稀保护陆栖脊椎动物 63 种，其中国家一级有 3 种，二级保护物种有 31 种；有 32 种被列入 CITES 公约（其中附录 I 3 种、附录 II 21种、附录 III 8 种）；40 种被列入中国濒危动物红皮书。有海南岛特有物种 8 种，特有亚种 57 种。

桂慧颖等为探究该区域桉树人工林群落及次生林群落物种多样性与土壤养分的相关性，开展了深入研究工作，结果表明：本区域桉树人工林群落共有各类维管束植物 17 科 27 属 29 种，次生林群落共有各类维管束植物 18 科 25 属 31 种。桉树人工林群落各项多样性指数均低于次生林群落。土壤养分方面除全钾含量外，其余养分含量均表现为次生林群落高于桉树人工林群落。2 种群落的丰富度指数均与 pH 值显著负相关，Simpson 优势度指数均与有机质含量显著正相关，可推测土壤 pH 值及有机质含量是影响两种群落物种多样性的重要因子。

昌江县另一自然保护区为霸王岭林区（北纬 18°53′～19°20′，东经 108°58′～109°53′）。该林区跨越昌江黎族自治县和白沙县两个行政县，总面积近 500km^2。该地区属热带季风气候，干湿季明显，5～10 月为雨季，11 月至次年 4 月为旱季。低海拔地区是低地雨林的主要分布区，也是该地区少数民族刀耕火种生产方式的主要区域。根据昌江县霸王岭气象站2012年至2018年数据，该地区年均气温为22.4℃，年均降水量为2,367mm。土壤以砖红壤为代表类型，随着海拔的增高逐渐过渡为山地红壤、山地黄壤和山地草甸土。土体多为次生植被覆盖，坡地土层较厚，一般达80～100cm，石砾含量约30%，腐殖质层厚度5～10cm，枯枝落叶层厚约5cm。

丁易等对霸王岭区次生林抚育强度开展了科学考察研究，结果表明，经过5年的自然恢复，考察区域的30个抚育样地和30个对照样地的地上生物量分别提高了24.5%和13.4%，而且抚育样地中减少的地上生物量迅速接近对照样地。抚育主要减少了清除种的地上生物量，而提高了保留种的地上生物量。次生林经过抚育处理后，其地上生物量的绝对增长量显著提高了58.74%，相对增长率显著提高了67.93%。在抚育样地中，地上生物量的绝对增长量和相对增长量均随着抚育强度呈现单峰曲线变化的趋势，抚育强度在（10±2.5）%时地上生物量的相对和绝对增长量最高。抚育强度是影响地上生物量增长的重要因素，而物种多样性和功能离散度的作用较小。决定地上生物量相对增长量最重要的因素（负作用）是初始生物量。

3. 文昌市次生林

海南省文昌市龙楼镇卫星发射场缓冲区，其地理位置为北纬19°43′，东经110°57′，地势平坦，海拔45～50m，是典型的滨海台地地貌，该区属热带海洋性季风气候，日照充沛，年日照时间达1750～2650小时，年太阳辐射总能量为110～140kcal/cm^2；气温高，年平均气温23.9℃，12月至2月最冷，平均20℃；雨量丰富，年均降水量为1,744mm；干、湿季分明，5～10月多雨，占全年的80%，11～4月少雨；空气湿度大，年平均湿度86%，最小湿度34%。主要土壤类型为滨海沉积物砂壤土。

崔喜博等选择海南文昌 5 种滨海台地典型森林类型（椰子林、次生林、人促更新次生林、相思林和木麻黄林）为研究对象。在土壤母质、土壤类型和微气候条件基本一致的情况下，开展不同森林类型土壤微生物分布特征及其影响因素研究，探讨了海南滨海台地土壤微生物分布特征、分析森林土壤微生物与土壤因子之间的关系，最终发现：由于受到地被植物、土壤养分及人工干扰等因素的影响，不同森林类型土壤微生物数量存在较大差异。5 种森林类型中，细菌数量以椰子林最高（ $3,144.67 \times 10^4$ cfu/g），分别为相思林、木麻黄林、次生林、人促更新次生林的 1.99 倍、2.56 倍、1.32 倍和 2.85 倍；真菌数量以相思林最高（ 46.12×10^4 cfu/g），分别为椰子林、次生林、人促更新次生林、木麻黄林的 2.61 倍、1.06 倍、1.41 倍和 1.37 倍；放线菌数量以椰子林最高（ 413.84×10^4 cfu/g），分别为次生林、人促更新次生林、相思林、木麻黄林的 1.54 倍、1.62 倍、3.36 倍和 1.42 倍。土壤微生物多样性指数变化趋势与微生物总数的变化趋势并不一致，主要表现为：人促更新次生林（0.58）＞木麻黄林（0.57）＞次生林（0.41）＞相思林（0.40）＞椰子林（0.39），这很大程度取决于各微生物含量的均匀度。同时，还得到除椰子林、次生林和人促更新次生林土壤真菌数量无明显规律，5 种森林类型土壤三大类微生物数量均呈现出随深度的增加而减小的趋势，与土层深度呈负线性相关。不同森林类型土壤微生物总数有较明显的季节变化，6 月微生物总量分别是 12 月、3 月的 1.89 ～ 4.14 倍和 2.74 ～ 9.35 倍；雨季细菌数量远高于低温季节和旱季；而放线菌数量则表现为低温季节＞雨季＞旱季；0 ～ 10cm 土层椰子林、木麻黄林、次生林和人促更新次生林真菌数量则表现出从 12 月至 6 月递减。

此外，国内学者杨青青等对文昌市开展次生林研究。研究发现：该研究样地内的次生林主要分布在自然村周边的斑块状天然次生林，是自然村的"风水林"，也是热带海岸抵御台风的天然防护林。森林面积比较小，但林型的层次性较突出，林下灌木较多，是热带海岸常见的植被类型。生长历史在 20 年以上，该群落外貌终年常绿，林冠稠密，稍有波状起伏，覆盖度 85% ～ 90%。该群落层次结构复杂，可分为 4 层，乔木层为 2 层，第 1 层 10 ～ 18m 高，第 2 层 3 ～ 10m 高；灌木层有 1 层，1 ～ 2m 高；草本层 1 层，0.3 ～ 0.6m 高。乔木层郁闭度较高，林下灌木层植物分布亦较紧密，但草本植物种类较少、结构简单。样区内优势植物为香蒲桃（*Syzygium odoratum*），最大胸径达 45cm，次优势植物为竹叶木姜（Litsea pseudoelongata）和木麻黄（*Casuarina equisetifolia*），常见植物还有桃金娘（*Rhodomyrtus tomentosa*）、黄槿（*Hibiscus tiliaceus*）、苦楝（*Melia azedarach*）、九节木（*Psychotria henryi*）、黄葛榕（*Ficus virens*）、紫玉盘（*Lithocarpus uvariifolius*）、橘（*Citrus reticulata*）、琼崖海棠（*Calophyllum inophyllum*）、潺搞木姜子（*Litsea glutinasa*）等。

同时还发现，热带海岸香蒲桃天然次生林群落垂直层次明显，可分为乔木层、灌木层、草本层。植物种共出现 26 科 33 属 36 种，其中乔木 18 科 21 属 22 种，灌木 11 科 12 属 13 种，草本 8 科 8 属 10 种。香蒲桃的重要值 40.61%，是该群落的优势种。群落内林木中小胸径级的树木占主导。群落内林木的高度主要集中在 2 ～ 9m 范围。香蒲桃的胸径–树高最优模型为三次曲线模型 $H=2.769+0.267D-0.004D^2+0.000006D^3$（$R^2=0.439$，$P<0.01$）。同时，与深圳大鹏半岛香蒲桃群落相比，物种多样性指数较低。Margalef 物种丰富度指数呈现乔木层 > 灌木层 > 草本层，香蒲桃次生林乔木植物种类丰富，灌木次之，草本植物相对稀少。灌木层的 Shannon-Wiener 多样性指数与 Pielou 均匀度指数都较高，灌木更适合当地环境特征的植被配置类型。

4. 屯昌县次生林

海南省屯昌县枫木实验林场（简称林场），该区域位于海南中部偏北丘陵地带，地处东经109°56′～109°58′，北纬19°11′～19°15′。林场属热带海洋季风气候地区，年平均气温24℃，极端最高气温为39.1℃，极端最低气温为3.8℃。林场地貌属丘陵地貌，平均海拔235m，土壤类型主要为砖红壤和赤红壤。公益林区是在近自然生长的天然次生林区内于1978年择伐后种植马尾松人工林、橡胶林及马占相思林，1989年开始实施封山育林而划定的林区。林场总面积1,200公顷，其中有公益林660公顷，多由次生林组成，部分不同年龄阶段的人工林是由于经营效益的原因而采伐恢复，群落内植物资源丰富。林场公益林区次生林群落外貌终年常绿，林冠稠密，受人类活动的干扰较小。林区绝大部分是自然演替形成的群落，此次研究样地几乎囊括了公益林不同特征森林植被类型。

王牌等对区域次生林内的植物进行了深入研究，结果显示，调查样地内共有维管植物87科201属267种，其中，蕨类植物3科3属4种，裸子植物2科2属2种，被子植物82科196属261种。群落的优势科为大戟科、茜草科、豆科、蔷薇科、梧桐科及樟科等。分析结果表明，该区种子植物区系起源古老，地理成分复杂，87个科中，世界分布、热带分布、温带分布的科分别有20个、59个和8个，显示明显的热带性质特征。200个属中，世界分布、热带分布、温带分布的属分别有169个和30个，种类组成的科、属地理成分热带成分分别为67.81%和84.50%（不包括世界广布的科属），温带成分分别为9.10%和15.00%，表明以热带分布为主。群落垂直结构分为乔木层、灌木层和草本层，物种多样性指数显示，Margalef指数表现出灌木层最大，其次是乔木层、草本层；Shannon-Wiener指数表现为灌木层最大，其次是草本层和乔木层；Simpson指数是灌木层最大，其次是草本层、乔木层；Pielou 指数则表现出草本层最大，灌木层其次，乔木层最小。

5. 陵水县次生林

吊罗山国家级自然保护区坐落于海南岛东南部，处于陵水、保亭、琼中 3 县交界处。地跨北纬 18°43′～18°58′，东经 109°03′～110°43′，属于热带海洋季风气候区。保护区土壤类型主要为由花岗岩形成的湿润、呈酸性的赤红壤和山地黄壤。该区多年平均气温为 24.4℃，1 月最冷，平均温度为 15.4℃，7 月最热，平均温度为 28.4℃。年均降水量 2,180.9mm，干湿两季分明，雨量分布集中，5～10 月是雨季，降雨量占全年降水量的 80%～90%，11 月到翌年 4 月为旱季。由于光、热和水分等自然条件优越，本区植物资源丰富，植被类型多样、区系成分复杂。本区既保存有大面积的原生常绿林，又有大面积的次生林。

王帅等对吊罗山的热带低地雨林次生林乔木物种多样性进行研究，结果发现，吊罗山热带低地雨林乔木次生林在科属种的组成上都较丰富，中等海拔的样地上拥有最大的个体数，该样地中白颜树、白肉榕和贡甲共有 385 株个体，三者占 2 号样地乔木总数的 29.3%，其中白颜树有 261 株，占乔木总数的 19.88%。但由于 64.75% 的白颜树胸径在 2～5cm，所以其在群落中的优势性不明显。3 个样地群落整体相似性不高。乔木层主要组成都是热带分布型的属，主要组成科热带性质强，但也带有热带 - 亚热带性质。

同时，还表明，吊罗山热带低地雨林次生林的乔木在树高和径级的分布上均未出现顶级群落的倒 "J" 型分布趋势，而且其分层不明显，虽然乔木总胸高断面积较大，但是与其他地区相比还有一定的上升空间。这些表明吊罗山热带山地雨林次生林虽然经历了较长的恢复时间，但是到目前为止还未恢复成稳定的顶级群落，未来一段时间内其群落结构还会发生改变。对径级和树高的进一步分析表明，本次研究中的高海拔样地群落恢复阶段比中海拔和低海拔的2个样地处于更高的阶段。

6. 五指山市次生林

五指山自然保护区坐落于海南省中部，覆盖琼中县与五指山市，经北纬 18° 49′～18° 58′，东经 109° 39′～109° 47′。保护区总占地面积 13,385.9 公顷，其中核心区占地面积 4,457.5 公顷。该区属于季风气候，年平均气温 20.5～22℃，绝对最高温度 38.1℃，绝对最低温度 5℃，年均降水量 2,372～2,672mm，降水日数 131～157 天。但降雨集中在 5～10 月，极不均匀，具有明显的旱湿两季分明的特色。五指山在大地构造上位于西太平洋地壳构造不同发展阶段的大陆边缘区。山体母岩以侏罗纪燕山运动时期侵入的花岗岩为主。目前五指山地层为 900m 以下为花岗岩，900m 以上为流纹岩与火山角砾岩，但同时由于长期侵蚀的结果，山顶多为流纹岩和粗面岩。自山脚至山顶分布着热带红壤、山地黄壤和南方山地灌丛草甸土，土壤 pH4.1～5.2。五指山森林覆盖率为 86.0%。其中，次生林占森林覆盖率总面积的 65.3%。

姜乃琪对五指山畅好乡低次生林群落演替特征进行研究，结果表明，统计得到样地内维管束植被 122 种，隶属于 60 科 116 属，其中蕨类植物 2 科 2 属 2 种，裸子植物 2 科 2 属 2 种，被子植物 56 科 112 属 118 种。群落的优势科大戟科、樟科、禾本科等科属组成都以单种科（属）为主；有部分古老子遗物种，野生维管束植物种类丰富，同时区内拥有沉香、土沉香等多种名贵药材及保护树种。

此外，还发现，海南五指山畅好乡低地次生林群落总体上表现为不显著正关联，群落优势种间联结松散，优势种的种间关系整体不紧密，处于演替的初期。针对五指山低地次生林成熟群落乔灌两层的种间联结性分析，应结合具体种间联结程度具体分析。在封闭森林的基础上，采取相关措施避免人为因素影响，注重保护顶极群落；以保护伴生树种或林下阳性树种为目的，注重人为正向干扰，处理枝条，加大林窗保护。再以结合保护林下腐殖质，增加土壤有机质和氮素含量为主，实践中应将正联结较强的树种加以保护，以缩短海南中部丘陵地区森林群落演替的进程。

三、海南次生林发展概况

（一）次生林资源

海南原生森林主要分布在尖峰岭、霸王岭、吊罗山、黎母山、五指山和鹦哥岭等六大林区，面积 21 万公顷，占全省天然林面积 31.5%，是海南最大的天然林分布地区。抱龙、卡法、毛瑞、白马岭、猕猴岭、保梅岭和南高岭七大山系主要分布公益林，林地面积 5.2 万公顷，占全省天然林面积 7.9%。海南现有红树林地面积 0.4 万公顷，红树林宜林面积 0.96 万公顷，红树林植物种类有 8 个群系 21 个科 25 个属。其中真红树 12 科 16 属 25 种；半红树 9 科 10 属 10 种。公益林和红树林构成了海南面积最大的次生林系统。

（二）次生林植物资源

海南现有植物资源中野生维管束植物 4,600 多种，占全国总量的 16%，其中海南特有植物 600 种，被列为国家一级保护的有 6 种，国家二级保护的有 42 种；乔、灌木 1,400 种，占全国 28.6%，其中 800 多种属经济价值较高的用材林树种，有 2,500 多种药用植物，占全国药用植物总量的 30%。

（三）海南次生林现状

1. 宜林荒山荒地面积逐减，森林覆盖面增大

由于历史原因，海南的森林曾一度遭受过毁灭性破坏，主要原因是乱砍滥伐、毁林开荒及森林火灾，使海南天然林逐年骤减。20世纪90年代后，海南开始注意森林保护，实行封山育林措施，尤其是海南省政府1994年下令全面停止森林采伐，使森林得到较快恢复，森林覆盖率逐年增加。近年来大面积速生丰产林造林工程已初见成效，"十五"期间完成人工造林24万公顷，森林覆盖率由"九五"期间的51.3%提高到现在的55.6%。

2. 森林面积大、次生林比重高，林分质量差

海南省林地面积为207万公顷，占全省总面积的60.9%，大大超过全国13.9%的平均水平。天然林面积为66万公顷，占全省有林地面积的31.9%。过去的过度采伐，除尖峰岭、霸王岭、吊罗山、黎母山、五指山、鹦哥岭六大林区共有13.3万公顷原始林外，其他均为次生林分，占有林地面积的25.4%。在现有林分中，森林质量较差，蓄积量低的特点尤为突出。

3. 中幼林比重大，可采资源少

海南森林林龄结构一直以来都处于不均衡状态，中幼龄林太多，近熟、成熟林偏少，中龄的消耗量较大，可采森林资源少（表6-1）。海南森林从幼龄林到成熟林极其不均衡的状态在短期内很难得到解决。

表 6-1　海南森林林龄结构表

			1994 年	2001 年
林分龄	幼龄林	面积 /hm²	8.6 万	14.1 万
		蓄积量 /m³	449.3 万	206.5 万
	中龄林	面积 /hm²	/	8.3 万
		蓄积量 /m³	/	667 万
	近熟林	面积 /hm²	2.55 万	4.23 万
		蓄积量 /m³	202.4 万	456.7 万
	成熟林	面积 /hm²	29.9 万	2.36 万
		蓄积量 /m³	204.3 万	220.9 万
	过熟林	面积 /hm²	0.225 万	0.769 万
		蓄积量 /m³	18.22 万	561.8 万

4. 人为破坏严重，保护难度大

海南省热带森林遭受严重破坏，导致生态环境恶化。为保护生态环境，海南省政府 1994 年下达了禁伐令，这是保护森林一项重要措施，而且是势在必行。但禁伐以后面临两大问题：一是林区职工就业与生活问题，二是周边地区群众用材（包括薪材）和经济收入问题。

四、海南次生林生态研究情况

海南次生林资源是热带森林资源的重要组成部分，也是中国森林资源重要的组成部分。自新中国成立以来，在自然和人为因素的双重作用下，海南的热带森林资源遭到了极大的破坏，森林覆盖

率不断下降，森林质量不断降低。海南是以海南岛为主体的岛屿省份，由于独特的区域特性，海南的生态系统非常脆弱，恢复难度较大。海南岛作为一个欠发达地区，由于生产力水平较低，思想观念相对落后，对热带森林资源的利用和开发较为无序，产生了热带森林资源分布不平衡、森林功能退化等问题。

随着海南国际旅游岛建设、"一带一路"倡议、绿色产业发展战略的实施，国家及政府层面对岛屿环境提出了更高的要求。因此，森林资源及其环境的改善至关重要，是整个战略实施的基础条件，必须对热带森林资源进行有效合理地利用。

科研人员基于 8 次森林资源清查和森林生态链技术体系获得的生态和资源大数据，对海南省近 40 年的森林资源动态变化和森林生态系统服务功能进行研究。结果表明：海南森林资源面积、蓄积和生态功能实现了"三增长"，海南省森林面积自 1981 年起呈逐年增加的趋势，在第 5 次清查期（1994～1998 年）后逐渐趋于稳定，在第 8 次清查（2009～2013 年）后达最大的 97.11 万公顷，增长幅度为 1.63 倍；第 3 次至第 8 次清查期海南省森林蓄积有逐渐增加的趋势，清查期资源数量有大幅度上升，森林蓄积量增长了 32.61%；从第 3 次至第 8 次清查，海南省森林生态系统各项服务功能总体呈增加趋势，涵养水源增加了 151.81%；研究结果对进一步提高人们对森林资源保护意识、推动国民经济核算体系和生态文明建设制度的构建具有重要的意义。

五、海南次生林下种植的优缺点

（一）可持续的林下种植模式——林草中药材生态种植

海南次生林下种植主要采取林草中药材生态种植模式进行，所谓林草中药材生态种植是指在稳定生态系统结构和功能的前提下，遵循可持续经营原则，以保障中药材质量和安全为目标，在森林、草原、荒漠、湿地等生态系统，以及宜林荒山荒地荒滩、退耕还林地等区域，采用生态种植方式，实现生态与经济良性循环发展的中药材培育经营模式。我国广阔的森林、草原等林草资源为林草中药材生态种植提供了各类适生生境，加之大量的药用植物和藻菌类中药材，在长期适应森林、草原等独特生境的过程中，与栖息地的各类生物协同进化，形成了其独特的生理生态学习性。

目前，常见的林草中药材生态模式包括林木复合种植、林下种植、野生抚育、拟境栽培4种类型，在保障中药材品质的同时，表现出了较好的生态和经济效益。而林下种植方式无疑是海南最重要的林草中药材生态模式。海南的橡胶林下益智种植面积约1万公顷，是海南推广面积最大的农林复合模式之一，种植益智后对杂草抑制率达到75.2%，显著提高了胶园的经济收入，间作2年后经济收入增幅达到64%。

（二）次生林下生态种植的优势

1. 提高中药材质量和安全性

由于林下生态种植禁止使用化学合成的肥料、农药和生长调节剂，通过增加林地生态系统的物种多样性，采用物理、生物等绿色防控技术，有效防止病虫害的暴发，从根本上解决了因使用农业化学投入品引起的中药材重金属、农药残留超标等安全隐患，同时保护了土壤健康，克服了药用植物的连作障碍，极大保障了中药材的安全性。林下生态种植让中药材回归原生境，经受弱光、干旱、高温、严寒、病虫害、养分缺乏、昼夜温差等模拟自然生境下的逆境胁迫，有助于促进药效成分的积累量，使中药材质量接近野生品。最重要的是，很多中药材质量下降的重要原因是栽培年限不够，由于林草中药材种植不占用耕地，在地成本低，可有效防止农民对中药材的提前采收，对保障中药材质量具有重要意义。

2. 缓解耕地"非粮化"的紧张局面

根据第九次全国森林资源清查结果显示，2018 年全国森林面积 2.2 亿公顷，实现了 30 年来连续增长。其中，天然林占 63.70%，人工林占 36.30%。同时，荒山荒地、沙荒地等宜林面积达到 0.5 亿公顷，占全国林地总面积的 15.44%。我国还将进行大规模国土绿化行动，预计到 2035 年全国森林覆盖率将达到 26%。然而，我国耕地面积因建设占用、灾毁、生态退耕、农业结构调整等原因，呈现逐年递减的趋势。面对如此趋势，2020 年国务院办公厅发布《关于防止耕地"非粮化"稳定粮食生产的意见》。反观中药材种植面积，近 30 年来从零星种植到大面积连片发展，呈现持续增长的态势。2019 年，中药材种植面积接近 500 万公顷，比 2010 年几乎翻了一番，"粮改药"趋势明显。因此，大力发展林草中药材生态种植、一地多用，是防止耕地"非粮化"趋势的有效措施。

3. 扶贫脱困效果显著

海南多数贫困地区是林地、草地等资源丰富的地区，发展林下生态种植具有得天独厚的优势，在乡村振兴的道路上正发挥重要作用。海南槟榔、益智、裸花紫珠、砂仁等大宗药材推动林下生态栽培和种植，能有效带动海南农民收入，林下中药材生态种植正在成为部分贫困地区的脱贫主导产业。

（三）次生林下生态种植的缺点

1. 缺乏科学规划，可利用次生林资源较少

目前，海南虽然拥有丰富的次生林森林资源，但由于缺少系统的科学规划，对林下种植原则、利用范围、种植要求、种植管理与监测等方面缺乏规定，仅有少数地区如云南、广东等省出台过林下种植相关规范，导致林农或者企业无规范可依，可用于林下生态种

植的次生林资源极少，目前应用较为成熟的仅为橡胶次生林下种植益智和砂仁，其他中药材品种皆滞后。

2. 相关配套技术和法规不完善，生态种植受限

次生林下生态种植相应技术仍处于探索阶段。以林草中药材林下种植为例，根据全国标准信息公共服务平台数据显示，目前全国仅有 6 项相关林业行业标准，以及黑龙江、四川、云南等 18 个省、自治区、直辖市发布的 50 项中药材林下生产技术规程地方标准，涉及三七、重楼、天麻、人参等 32 个中药材的林下种植，部分标准列入了化学农药的使用，不符合生态种植的要求。适宜在林下/林缘种植的药用植物物种多达 407 个，因此多数适宜开展林下种植的林草中药材，尚缺乏林下种植技术规程。另一方面，对于多数已有模式和技术但尚未开展系统性研究的林草中药材还存在评估指标和方法尚未有研究数据，不能合理评判其合理性和可行性，对病虫草害防控、废弃物综合利用等关键或配套技术研究和实践不足，导致技术的可复制性、可操作性不强，加之中药材生长周期长，林农、果农、企业等从业者不敢轻易尝试，在推广中受到了限制。

第二节　次生林下南药种植情况

一、海南次生林下南药种植概况

海南岛气候属于海洋性热带季风气候，年平均温度 22 ～ 26℃，阳光、雨量充沛，自然条件优越，利于植物生长，其蕴含着丰富的热带、亚热带药用植物资源，素来被冠以天然南药库的美称。林下资源是森林中除树木以外的植物、动物、矿物及微生物等资源的总称。海南岛林下资源丰富，其中，热带、亚热带药用植物资源分布广泛，具有多样性、古老性和富于热带性等特点。《海南药用植物名录》统计，海南共有 2,214 种药用植物。各市县地理环境复杂，植被类型多样，植物种类丰富。据历史记载整理，乐东县原有中药植物 498 种，东方市原有中药植物 304 种，昌江县原有药用植物 200 种（仅从调查总队提供的海南省 806 种中药名录及重点调查中药名录中获得，不含草药及其他文献中记载的种类）。

对海南保亭药用植物资源调查，发现当地两个村的药用维管束植物资源有 83 科 186 属 225 种，药用植物在科的分布中比较集中，主要分布在蝶形花科（*Papilionaceae*）、大戟科（*Euphorbiaceae*）、菊科、姜科（*Zingiberaceae*）、芸香科（*Rutaceae*）、无患子科（*Sapindaceae*）、伞形花科（*Apiaceae*）、茜草科（*Rubiaceae*）等；在海南省定安县火山岩地区药用植物资源调查中发现，当地火山岩地区硒元素含量非常丰富，而硒元素对人体具有重要的作用，提倡针对当地土壤富含硒元素的特点，有关专业院校或科研院所可以选择少数适宜品种进行实验种植，推广富含硒元素的特种中药材种植；对海南铜鼓岭国家自然保护区药用植物调查研究表明，铜鼓岭保护区药用植物资源在植物群落中占有重要地位，如贡甲 *Maclurodendron oligophlebium*、海南大风子 *Hydnocarpus hainanensis*、赤楠蒲桃 *Syzygium buxifolium* 等，在铜鼓岭保护区的分布广泛且数量众多，其中海南大风子是国家级珍稀保护植物，在铜鼓岭保护区内却是优势物种，这是铜鼓岭保护区药用植物资源的重要特色；对海南岛药用蕨类植物资源调查，共记录到有药用价值的蕨类植物 32 科 94 种，这些资源的药用部位从根茎到全草不等，功能与用途覆盖多个方面。对海南琼海市药用植物资源调查发现，当地药用维管植物 826 种，因人为干扰较大造成特有种及珍稀濒危植物很少，应加大保护力度。还有学者以民族植物学方法挖掘黎族传统用药经验，既保存和记载黎族灿烂的民族植物文化，也为寻找新的药用植物提供了途径。"材"是黎族医生在多年的医疗实践中对草药的朴素认识，与中药材分类中的茎木类药材相近，但不包括草质藤本类药材。"材"类黎药的种类较多，有 44 种，"材"类黎药资源蕴藏着大量而独特的传统知识，是黎族传统医药知识的宝库。对儋州峨蔓镇药用植物资源调查结果表明该地区药用植物，菊科最多，有 25 种，其次为豆科（*Fabaceae*）19 种；大戟科 18 种；苋科（*Arnaranthaceae*）、禾本科 8 种；茄科（*Solanaceae*），芸香科、茜草科分别为 7 种；桑科（*Moraceae*）、锦葵科（*Malvaceae*）、马鞭草科（*Verbenaceae*）分别为 6 种。张俊清等通过野外记录 128 种黎药材，对黎族人民常用药材进行临床作用物质基础的研究。对海南岛周边海域岛屿药用植物资源进行调查，周边海域岛屿处于热带北缘，以海南岛为依托呈环带状分布岛屿 180 个。自然条件造就甚为丰富的热带植物资源，蕴藏有 478 种药用植物，分别隶属于 123 科 356 属，具有较大的开发利用潜力，但需要合理保护。

国内学者邢莎莎通过对海南省西南部三市县重点药用植物的垂直分布规律及其种间关联性研究，调查发现，乐东县 232 种高等药用植物（不包括菌类的灵芝 1 种），隶属 95 科 204 属。蕨类植物 18 种，隶属 15 科 15 属；裸子植物 2 种，隶属 2 科 2 属；被子植物 212 种，隶属 78 科 187 属。在被子植物中，双子叶植物 189 种，隶属 65 科 166 属；单子叶植物 23 种，隶属 13 科 21 属。

在海南乐东县栽培的药用植物共有 21 种，草本类 11 种，分别为韭、扁豆、艾纳香、长春花、丝瓜、木鳖、荷、凤仙花、芦荟、萝卜、益母草；灌木类 3 种，分别为木豆、九里香、小驳骨；乔木类 7 种，分别为降香黄檀、桃树、槟榔、龙眼、木棉、荔枝、土沉香。21 种中 15 种也有自然分布，分别为扁豆、艾纳香、长春花、木鳖、芦荟、益母草、木豆、九里香、小驳骨、降香黄檀、槟榔、龙眼、木棉、荔枝、土沉香；其余 6 种药用植物均只见于栽培，分别是荷、凤仙花、萝卜、丝瓜、韭、桃树。栽培物种以槟榔、龙眼、荔枝有一定规模外，韭因为是药食同源物种，可作为蔬菜，所以在该县具有一定规模化种植。其余种类，一般见于庭旁绿化或是道路边，栽种比较少。

东方市调查结果显示，共计分布 195 种高等药用植物，隶属 79 科 170 属。其中蕨类植物 6 种，隶属 6 科 6 属；裸子植物 1 种，隶属 1 科 1 属；被子植物 188 种，隶属 72 科 163 属。在被子植物中双子叶植物 156 种，隶属 60 科 138 属；32 种单子叶植物，隶属 12 科 25 属。88 种高等重点药用植物，隶属 47 科 82 属。其中蕨类植物 3 种，隶属 3 科 3 属；裸子植物未调查到；被子植物 85 种，隶属 44 科 79 属。在被子植物中，双子叶植物 66 种，隶属 33 科 63 属；单子叶植物 19 种，隶属 11 科 16 属。

东方市林下栽培种植的药用植物主要有 14 种，其中 6 种也有自然分布，分别为沉香、花梨、龙眼、槟榔、荔枝、木棉；其余 8 种药用植物均只见于栽培，分别是草本类韭、姜黄、凤仙花、芦荟；藤本类中华青牛胆、丝瓜；乔木类海南龙血树，以及灌木类鸡蛋花。这类植物中，槟榔为外来栽培植物，龙眼、荔枝、降香黄檀和沉香等为本地植物，在野外原本龙眼数量较大，分布较广，但是由于次生林不断被破坏，该植物种群数量在不断减少。降香黄檀和沉香较难发现，特别是降香黄檀仅有可数的 2 棵。以往的研究中发现，由于缺乏结香技术，部分农民常将沉香成年大树整株砍断取香，这种方式使得沉香老龄个体几乎毁灭。而导致土沉香濒死的原因，源于自身入药部位的特殊。经过对土沉香现有种群的研究，发现土沉香种群在苗期与幼树的生命期望较高。因此，对野生状态下土沉香种群应尽量减少人为破坏行为，尤其注重保护老龄个体，同时，积极做好宣传教育工作，推广利用组织培养快速繁殖土沉香的方法，以及科学取香的可持续发展观念，使野生土沉香种群快速恢复。

海南岛林下南药资源是海南岛的重要林业资源，全岛均有分布，主要分布地区为橡胶林、山地雨林、丘陵、红树林等。其中，橡胶林的林下药用资源占海南岛林下总植物资源的80%以上，根据野外调查和参考有关资料得出，海南橡胶园林下植物共有504种，隶属106科339属。其中，裸子植物1种，蕨类植物23种，单子叶植物92种，双子叶植物388种。在这些植物中，属于药用植物的有415种（包括变种），占全部植物种数的82.18%，隶属102科，占全部植物科数的94.44%。如石斛 *Dendrobium nobile* Lindl.、鸡血藤 *Callerya reticulate*（Benth.）Schot、老鼠簕 *Acanthus ilicifolius L.*、海金沙 *Lygodium japonicum*（Thunb.）Sw.、莪术 *Curcuma zedoaria*（Christm.）Rosc、鸦胆子 *Brucea javanica*（Linn.）Merr、裸花紫珠 *Callicarpa nudiflora* Hook. et Arn、益智 *Alpinia oxyphylla Miq*、高良姜 *Alpinia officinarum Hance*、艾纳香 *Blumea balsamifera*（L.）DC 和穿心莲 *Andrographis paniculata*（Burm. f.）Nees 等。部分具有典型功效的海南岛林下南药植物资源见表6-2。

表6-2 具有典型功效的海南岛林下南药部分植物资源

功能	药用植物
清热	牛筋草 *Eleusine indica*（L.）Gaertn.，竹节草 *Commelina diffusa* NL. Burm.、沙皮蕨 *Hemigramma decurrens*（Hook.）Copel.
	全缘凤尾蕨 *Pteris insignis* Mett. ex Kuhn，余甘子 *Phyllanthus emblica* L.、鼠尾粟 *Sporobolus fertilis*（Steud.）Clayton
	多穗狼尾草 *Penwisetum pol ystachiom*（Linn）Schult.，井边茜 *Plerisensi formais* NL Burm.，白花地胆草 *Elephantopus tomentosus* L.

续表

功能	药用植物
利水渗湿	小叶海金沙 *Lygodiuam scandens*（L.）Sw.，茅瓜 *Solena heterophylla* Lour.，刺鱼骨木 *Canthium horridum* Blume
泻下	中平树 *Macaranga denticulata*（Blume）Mull.–Arg.、山乌桕 *Triadica cochinchinensis* Lour.
活血化瘀	龙须藤 *Bauhinia cham pionii*（Benth.）Benth.、两面针 *Zanthox ylumnitidum*（Roxb.）DC.
止血	球柱草 *Bulbostylis barbata*（Rottb.）C.B Clarke、翠云草 *Selaginella uncinata*（Desv. ex Poir.）Spring
理气	假鹰爪 *Desmos chinensis* Lour.
消食健脾	鸡屎藤 *Paederia foetida* L.
温里	黄樟 *Cinnamomum porrectum*（Roxb.）Kosterm.
安神	夜香牛 *Vernonia cinerea*（L.）Less.
补益	腰骨藤 *Ichnocarpus frutescens* L. W.T. Aiton
收涩	鹊肾树 *Streblus asper* Lour.，益智 *Alpiniaoxy phylla* Miq.
祛风止痒	尖萼紫珠 *Callicarpaloboa piculata* Metcalf
解表	水蜈蚣 *Kyllingapoly phylla* Kunth，黄荆 *Vitex negundo* L.
止咳化痰	土人参 *Talinam paniculatum*（Jacq.）Gaertn，耳叶鸡屎藤 *Paederia caualeriei* H Llev.、越南山矾 *Symplocos cochinch–inensis*（Lour.）Moore
祛风湿	石岩枫 *Mallotus repandus*（Willd.）Mull. –Arg.、毛果算盘子 *Glochidion eriocarpum* Champ. ex Benth、木豆 *Cajanus cajan*（L.）Huth

二、海南次生林下南药资源及其开发利用现状

（一）次生林下南药资源

第三次全国中药资源普查后，人们就开始对我国南药资源的分布、种类、蕴藏量等情况进行了系统总结。

海南岛林下大宗药用植物种类有砂仁 *Amomum* villosum Lour、益智 *Alpinia* oxyphylla Miq、鸡血藤 *Spatholobus* suberectus Dunn、黄荆 *Vitex* negundo L.、钩藤 *Uncariar hynchophylla*（Miq.）Miq. ex Havil.、鸡屎藤 *Paederia* scandens（Lour.）Merr、鸡骨草 *Abrus pulchellus* Wall. ex Thwaites subsp.cantoniensis（Hance）Verdc. 等。先后成功引种的还有红花 *Carthamus tinctorius* L.、牛膝 *Achyranthes bidentata* BI.、佛手 *Citrus medica* L. var. *sarcodactylis* Swingle、枳壳 *Citrus trifoliate* L.、土半夏 *Typhonium blumei* Nicolson et Sivad.、薄荷 *Mentha canadensis* L.、豆蔻 *Alpinia hainanensis* K. Schum.、马钱子 *Strychnos nux-vomica* L. 和芦荟 *Aloe vera*（L.）NL. Burm. 等上百个品种，大部分已经推广种植，并且保存有大量种质资源。

2000 年以来，海南省扩大了长春花 *Catharanthus roseus*（L.）G. Don、芦荟、螺旋藻等植物药的种植面积，总药材人工种植面积约 52,000 公顷。2003 年，科技部批准海南省建立广藿香 *Pogostemon cablin*（Blanco）Benth.、槟榔 *Areca catechu* L. 等 4 种南药种植示范基地。近年来，药用植物人工种植面积仍在不断扩大，至 2009 年，种植面积超过 90,000 公顷，目前，种植种类已有几十种。2009～2012 年药材益智的出口量呈上涨趋势，因此，该药材的种植面积也日益扩大，目前，全岛益智种植面积约为 3,500 公顷，据不完全统计，益智的年产量可达 1,000～1,500 吨。砂仁至今仍是紧缺的中药材，目前，海南全岛种植面积有 330 公顷左右，总产量

约 300 吨，而全国年需求量约 4,000 吨，仅能供应国内市场 220 吨左右，生产仍供不应求。

调查显示，海南林下栽培药材品种主要包括槟榔、益智、荔枝、龙眼、牛大力、胆木等。益智为"四大南药"之一，且为"药食同源"物种，除少量入药外，大部分被加工成调味品、食品和保健品。近年来由于益智价格不断升高，而且是适宜林下种植的海南特色物种，不仅农户自发种植，也成为扶贫工作的重要抓手而被大规模种植，现种植面积已达 1,333.30 公顷。槟榔少量入药，现多数被加工成咀嚼品，需求量巨大，初步统计海南种植槟榔面积 100,000 公顷，成为海南第二大农业产业，为农民主要经济来源。调查区域内槟榔种植总面积约 5,000 公顷，其每公顷药材年产量 3,000kg，若仅考虑入药完全可以满足市场需求。荔枝和龙眼的果肉和种仁均是药材，但绝大多数用于水果食用，除受台风、干旱等极端天气影响外，每年的产量变化不大。随着人们对龙眼和荔枝的需求增加，新的品种被不断培育出来，当前以及今后种植的龙眼和荔枝是否还适宜药用尚待研究。尽管野生荔枝仍有分布，但由于缺少保护而逐渐消失。牛大力是近几年较受欢迎的药材之一，既可食用又可入药，种植面积也逐年扩大，但由于土地面积限制和种植周期较长，增长趋势较为缓慢。此外，种植规模稍大的药材还有裸花紫珠、胆木等。裸花紫珠的需求量不断减少，种植面积也不断萎缩；胆木是一种天然抗生素药材，具有良好的杀菌消炎作用，该药材为海南省某些药厂的主要中药制剂原料，市场需求相对稳定，种植面积缓慢增加。总之，随着药材供求关系变化、价格波动及土地情况，种植药材的种类和面积也不断变化，只有实时调查才能准确掌握药材种植面积、产量等情况。

（二）开发利用现状

据调查，海南栽培的南药种类主要有槟榔、胡椒、益智、草豆蔻、海南砂仁、沉香、降香、高良姜、鸡骨草、广西莪术、山柰、广藿香、肉桂、南天仙子等。由国外引进栽培的进口南药有 22 种，如丁香、肉豆蔻、爪哇白豆蔻、泰国白豆蔻、印度萝芙木、印度马钱、檀香、藤黄、儿茶、苏木、泰国大风子、泰国胖大海、越南桂、锡兰桂、越南安息香、阿拉伯胶、金鸡纳、吐根、古柯等。山区野生中药资源主要有巴戟天、石斛、青天葵、降香、白木香、龙血树、见血封喉、海南萝芙木、海南粗榧、鸡血藤、丁公藤、走马胎、宽筋藤、广狼毒、黄连藤（古山龙）、石蚕干（异叶血叶兰）、白胶香、野生荔枝、野生龙眼、无患子、钩藤、木蝴蝶、救必应、穿破石、石楠藤、藤杜仲、海南地不容、海南美登木、毛冬青、无根藤、倒扣草、裸花紫珠等；湿草地野生中药资源主要有茅膏菜、锦地罗、地胆草、积雪草、天胡荽、香附、鬼针草、猪笼草等；沿海平原野生中药资源主要有单叶蔓荆子、穿破石、纤细木贼、海刀豆、五指柑（黄荆）、香茹（粉叶轮环藤）、独脚金、刺果苏木、土丁桂、丁葵草、基及树、多枝毛麝香、刺篱木等；海岸及海岸潮间带滩涂上红树林中的药用植物主要有角果木、木榄、柱果木榄、海蓬、红茄、银叶树、海榄雌、老鼠、小花老鼠、海芒果、海漆、玉蕊、黄槿、杨叶肖槿、榄李和海桑等。

海南林下南药品种资源丰富，益智、砂仁、广藿香、长春花等种植已经达到一定规模，多种海南林下南药开发的产品已经畅销海内外。海南岛岛内有多个机构从事中药材研究，如中国热带农业科学院热带作物品种资源研究所、中国热带农业科学院热带生物技术研究所、中国医学科学院药用植物研究所海南分所、海南医学院海南省热带药用植物研究开发重点实验室、海南师范学院热带药用植物化学省部共建实验室、海南师范学院热带药用植物与香料开发应用研究所等。目前，已知有30余家企业利用林下南药生产出各种中成药，如重庆东方药业股份有限公司以益智开发了产品宁心益智胶囊、宁心益智口服液，以砂仁开发的香砂养胃丸；吉林省力胜制药有限公司以巴戟天开发了男宝胶囊、锁阳固精丸，以豆蔻开发了产品紫蔻丸；青海帝玛尔藏药药业有限公司以豆蔻开发了十味手参散、十味豆蔻丸，以山药等药材开发产品安神丸；华润三九医药股份有限公司以广藿香开发了产品藿胆丸、小儿感冒宁颗粒，以砂仁开发了产品补脾益肠丸；江苏万高药业有限公司以鸦胆子开发了鸦胆子油软胶囊，以豆蔻等药材开发的舒更片等。

三、次生林下南药种植现状

（一）益智和砂仁

1. 种植基本情况

益智和海南砂仁均为海南"四大南药"之一。益智较为喜阴，大量分布于海南琼中、澄迈、陵水等市县，益智为海南道地药材。海南砂仁喜温暖潮湿、适度荫蔽环境中生长，主要分布于澄迈、儋州、三亚、乐东等地。海南砂仁主要以果实入药，气微香，性味辛温，具有理气开胃等功效，是重要中药材之一。

在三亚檀香林进行林下栽植益智和海南砂仁，益智苗龄为2年生，海南砂仁苗龄为1年生，每穴3～5株苗木。栽植45日后，选择长势较为一致，无病虫害的益智和海南砂仁苗木进行试验，每隔60日统计其成活率和测定其生长量。试验期间，苗木水肥正常管理实验，该种植区域地理位置（北纬18° 21′ 11″，东经109° 26′ 11″），该地区属热带季风性气候，光热充足，雨水充沛，气候温和，年平均气温25.4℃，年降水量为1,500～1,800mm。该林于2009年种植，树龄 9 年，郁闭度为 0.5，平均树高 5.6m，平均胸径为 6.45cm，株行距为 3m×3m。

2.种植结果分析

监测半年后，益智和海南砂仁苗木生长表现较好，海南砂仁的成活率较高，为 95.4%，益智成活率为 87.5%。从苗木生长量来看，海南砂仁苗高净生长量为 66.08cm，叶片数量为 9；益智苗高净生长量为 35.68cm，叶片数为 5。

同时，檀香林下栽植益智和海南砂仁，早期生长表现良好，苗木成活率在 90% 以上，海南砂仁的苗高净生长量高于益智。同时，益智和海南砂仁在生长中需要一定的遮荫，生长适应性较强。海南省各市县种植大规模橡胶、槟榔、桉树等经济林，可以充分利用林下的土地资源种植益智、海南砂仁等药用植物，将其作为林内间作物的复合经营，这种模式目前在琼中、五指山等地得到较好的发展和推广，为农民创收提供了良好的途径。

（二）裸花紫珠

1.种植基本情况

裸花紫珠 *Callicarpa nudiflora* Hook. et Arn. 为马鞭草科紫珠属植物。分布于我国南部的海南、广西、广东等省区及印度、越南和新加坡等地，主要生长于山坡、路边、溪边或灌木丛等向阳的地方。药用部位为干燥叶片及带叶的嫩枝，具有止血止痛、散瘀消肿等功效，主治外伤出血、跌打肿痛、风湿肿痛、肺结核咯血、胃肠出血等症。裸花紫珠为海南的道地药材，在海南的应用历史十分悠久，是海南黎族医生常用的药材之一。近年来，随着裸花紫珠研究与开发进程的不断推进，其抑菌消炎、止血多种药理活性被广泛研究论证并应用于临床，是海南省重要民族药（黎药）品种裸花紫珠片、裸花紫珠分散片、裸花紫珠胶囊、裸花紫珠颗粒、裸花紫珠栓等 40

余种中成药的主要原料，市场需求量较大，应用前景较为广阔。目前，由于掠夺性采收及其生长环境遭到人为破坏，裸花紫珠野生蕴藏量急剧减少。目前原料药主要来源于农户种植。

野生裸花紫珠为阳生植物，多处于人为扰动较大的环境。即多生长于海拔800m以下，阳光较为充足的山坡林缘、灌木丛、路边等地，部分分布于林下。据调查，裸花紫珠对土壤和气候要求不太严格，耐旱，忌水涝，喜温暖干燥和阳光充足的环境。在排水良好、土层深厚、疏松、肥沃的土壤上生长良好。据调查发现，生长裸花紫珠的土壤类型有砖红壤、赤红壤和山地黄壤等，以砖红壤为主。在海南各地野生裸花紫珠的伴生植物有黄樟 *Cinnamomum parthenoxylon*（Jack.）Meissn、对叶榕 *Ficus hispida* Linn.、黄牛木 *Cratoxylum cochinchinense*（L.）Bl.、厚皮树 *Lanneacoromandelica*（Houtt.）Merr.、鱼尾葵 *Caryotaochlandra Hance*、鸦胆子 *Brucea javanica*（L.）Merr.、假烟叶树 *Solanum verbascifolium* L.、桃金娘 *Rhodomyrtus tomentosa*、艾纳香 *Blumea balsamifera*（L.）DC.、野甘草 *Scoparia dulcis* L.、藿香蓟 *Ageratumconyzoides* L.、金腰箭 *Synedrella nodiflora*（L.）Gaertn.、地胆草 *Elephantopus scaber* L.、含羞草 *Mimosapudica* Linn. 等。

不同地区的生态环境具有一定差异，造成各地裸花紫珠长势及生长发育等情况有所不同。如生长于路边或林缘等阳光较为充足的地区的裸花紫珠长势较好，多为小乔木，叶片较厚，绒毛丰富，且花色较浓。位于橡胶林、槟榔林下或位于保护较好的森林中等阳光不太充足地区的裸花紫珠则长势较弱，多为小灌木，且叶片较薄，绒毛较为稀疏，花色较淡。位于西部、中部、北部地区的裸花紫珠大多处于盛花期时，处于中部的琼中、北部的海口两县市的裸花紫珠处于果实成熟期，而位于南部的保亭和东南部的陵水两地的裸花紫珠果实早已成熟掉落。北部、中部两地与南部、东南部两地均为湿润区，降水量及日照时数相差不大，但是年均温及最冷月气温，北部和中部地区均低于南部及东南部地区，表明相对于其他气候因子而言，温度可能对裸花紫珠的生长发育情况影响较大。

2. 人工栽培情况

海南为裸花紫珠的主产区，全国范围内仅见海南岛有栽培。且全国以裸花紫珠为原料药的各企业基本在海南收购药材用于生产。由于裸花紫珠野生资源逐年减少，市场需求量逐年上升，裸花紫珠药材慢慢呈现供不应求的局面，2006年，五指山及白沙地区的药农开始从山上挖取活体繁殖材料及收集种子进行引种栽培，自此以后，市场上流通的药材逐渐以栽培种取代了野生种。虽目前种植已成规模，但裸花紫珠药材仍然缺乏规范的种子市场，药农的种苗大部分来源于自留种，在产区较难判断种子来源。同时产区药农对裸花紫珠的管理比较粗放，全年基本未进行浇水、施肥等田间管理。当年采收完和翌年6月会喷施百草枯结合中耕松土进行除草。调查发现，2016年海南岛裸花紫珠的总栽培面积约为493.3公顷，产量约为962吨干品。海南岛裸花紫珠的栽培资源主要分布于白沙、五指山、澄迈和定安等县市，这些地区为裸花紫珠的主产区。白沙的细水乡、元门乡及南开乡，五指山的毛阳镇、畅好乡、通什镇，裸花紫珠栽培资源分布较多，其中白沙的种植面积约有333.3公顷，年产量约有650吨干品，五指山种植面积约有133.3公顷，年产量约有260吨干品，裸花紫珠已成为当地药农的主要收入来源之一。海南九芝堂药业有限公司在澄迈县福山镇建有13.3公顷裸花紫珠规范化种植基地，年产量约26吨干品，主要用于其公司中成药的生产，定安县也有约13.3公顷的种植面积。2010年前后，由于裸花紫珠药材紧缺，供不应求，政府大力推广裸花紫珠药材的种植，白沙、五指山等地的农民盲目跟风种植，导致产量远远大于市场需求，市场价格大幅下降，甚至出现滞销现象，严重影响药农种植的积极性。近年来，在政府及市场的双重调节作用下，裸花紫珠市场日趋规范化稳定化。且由于越来越多的中成药企业，如江西杏林白马药业有限公司和湖南华纳大药厂股份有限公司等也开始在海南地区收购裸花紫珠药材，市场需求量进一步扩大，自2016年开始种植面积有扩大趋势。

（三）灵芝

赤芝在分类上隶属于多孔菌目灵芝科，是一种传统的药用真菌，具有补气安神，止咳平喘的功效，用于心神不宁，失眠心悸，肺虚咳喘，虚劳短气，不思饮食。

海南地处热带，分布有赤芝等众多的灵芝科真菌。但近年来，由于人们在海南对野生灵芝科真菌进行过度采集，包括赤芝在内的野生灵芝逐年减少。为了满足人们追求绿色健康产品的需求，进行仿野生栽培已经成了一种重要的栽培方式。在海南，人工栽培的橡胶树次生林具有大量的林下空间。为了充分利用橡胶树林下的闲置空间，采取在橡胶树林下采用不同的栽培方式，构建了，林木–赤芝复合栽培模式。研究人员对该模式收获的赤芝药材品质进行鉴定，结果如下。

1. 栽培场地

海南省白沙县元门乡红茂村委会方什村人工栽培橡胶树林下。

2. 林下栽培品质评价

表6-3　海南橡胶林下不同栽培方式赤芝子实体的多糖含量（$\bar{x}\pm SD$，n=3）

不同来源的赤芝子实体	多糖含量 /%
安徽阔叶林埋土栽培（对照）	1.29 ± 0.0276^{b}
海南橡胶林不埋土栽培	1.60 ± 0.0807^{a}

不同来源的赤芝子实体	多糖含量 /%
海南橡胶林半埋土栽培	1.59 ± 0.1313^{a}
海南橡胶林全埋土栽培	1.56 ± 0.1516^{a}

注：a 表示 $P < 0.05$，b 表示 $P < 0.01$。

　　采用赤芝段木菌棒不埋土、半埋土、全埋土三种不同的栽培方式，并对获得的赤芝子实体多糖和灵芝酸含量进行测定。研究结果表明，栽培方式对赤芝子实体多糖含量没有显著影响（表 6-3），但海南橡胶林下三种栽培方式获得的子实体多糖含量均比对照即安徽阔叶林下埋土栽培的赤芝子实体多糖含量高，且具有显著性差异。这说明橡胶林下适合栽培对多糖含量要求高的赤芝子实体。

　　此外，在《中国药典》2020 年版中规定紫外分光光度法检测的总多糖含量不得少于干重的 0.9%，其多糖的含量均达到了《中国药典》规定的量。

　　灵芝酸结构和种类多样，具有多种药理作用。日本对灵芝商品及灵芝制品中的灵芝酸非常重视，是鉴定商品质量的标准，认为三萜类灵芝酸含量越高，灵芝产品质量越好。因此对各种灵芝酸的含量测定具有重要的意义。海南橡胶林下不埋土和半埋土栽培方式获得的子实体，其灵芝烯酸 C 较高；全埋土栽培方式获得的子实体，其灵芝酸 C_2 最高；半埋土和全埋土栽培方式获得的子实体，其灵芝酸 B 较高），三种不同栽培方式对总灵芝酸的含量均没有显著影响。此外，《美国药典》规定通过 HPLC 法检测灵芝酸不得少于干重的 0.3%，因此说明，海南橡胶林下各种不同栽培方法获得的子实体，其总灵芝酸的含量均达到了《美国药典》规定的量。

（四）巴戟天

巴戟天为茜草科植物巴戟天的干燥根，又名巴戟、鸡肠风、鸡肠薯，为多年生藤质草本植物，以根入药，有补肾壮阳、强筋骨、祛风湿的功效，主治肾虚阳痿、宫冷不孕、月经不调、少腹冷痛、风湿痹痛、尿频遗尿等症。

巴戟天原产南亚热带、热带地区温暖湿润的次生林下，生长适温为 20 ～ 25℃，喜温暖，怕严寒，对生长环境有特定的要求，喜土质疏松、肥沃的砂质红壤。我国巴戟天主要分布于广东、广西、福建、海南等地，因野生资源逐年萎缩，现以人工栽培品种为药材基源。

巴戟天通常生长在疏林下，为乔灌木植物所荫蔽，在自然环境长期影响下，形成了耐荫的特性，但其根系在光照强的环境中生长较好。巴戟天以地下部为用药部位，幼株喜阴，成株喜阳，整个生长过程需要满足"前阴后阳，上阳下阴"的特点。有研究表明，肥力中等、含氮低的土壤基质更适宜巴戟天的生长。光对巴戟天具有全面促进作用，可有效抑制藤伸长，促进光合产物向根部运输，使藤重于根的低产状态变为根重于藤的高产状态。肉桂次生林下套种模式，无论土壤理化性质、林间气候环境都比较适合其生长，有利于肉质根中多糖类物质、黄酮类和原花青素等次生产物的合成，能有效提高肉质根的产量及其药效物质的积累。

参考文献

［1］翁春雨，任军方，张浪，等. 海南药用植物资源概述［J］. 安徽农学通报，2013，19（7）：87–88.

［2］颜炳稳. 漫话海南的南药［J］. 生物学教学，2001，26（9）：39–41.

［3］郑才成. 海南热带药用植物资源的开发利用［J］. 世界科学技术, 2004, 6 (4): 79-82.

［4］王建荣, 邓必玉, 李海燕, 等. 海南省禾本科药用植物资源概况［J］. 热带农业科学, 2010, 30 (2): 13-18.

［5］王纪坤, 兰国玉, 吴志祥, 等. 海南岛橡胶林林下植物资源调查与分析［J］. 热带农业科学, 2012, 32 (6): 31-36.

［6］汤丽云, 何国振, 苏景, 等. 道地春砂仁产业发展的策略研究［J］. 中国农学通报, 2010, 28 (8): 94-99.

［7］熊文愈, 骆林川. 植物群落演替研究概述［J］. 生态学进展, 1989, 6 (4): 229-235.

［8］Mcintosh R P. Succession and ecological theory in forest succession and application［M］. New York: Springer Verlag, 1981.

［9］邢莎莎, 海南省西南部三市县重点药用植物的垂直分布规律及其种间关联性研究［D］. 海口: 海南大学, 2015.

［10］王牌, 苟志辉, 农寿千, 等. 海南中部丘陵区热带次生林物种多样性及区系分析［J］, 热带作物学报, 2018, 39 (4): 802-808.

［11］杨青青. 海南文昌海岸香蒲桃天然次生林群落特征及其土壤性状研究［D］. 海口: 海南大学, 2016.

［12］丁易, 黄继红, 许玥, 等. 抚育间伐对海南热带次生林地上生物量恢复的影响［J］. 生态学报, 2021, 41 (13): 5118-5127.

［13］崔喜博. 海南滨海台地不同森林类型土壤微生物数量特征及其与土壤因子关系研究［D］海口: 海南大学, 2016.

［14］桂慧颖, 方发之, 吴钟亲, 等. 海南保梅岭桉树林群落及次生林群落物种多样性与土壤养分相关性分析［J］. 热带林业, 2020, 48 (3): 38-43.

［15］杨众养, 王小燕, 刘宪钊, 等. 海南白沙热带天然次生

林更新组成及多样性［J］. 热带作物学报，2018，39（12）：2506-2512.

［16］孟京辉，陆元昌，王懿祥，等. 海南岛热带天然次生林生长动态研究［J］. 林业科学研究，2010，23（1）：77-82.

［17］邢增俊，麦志通，陈伟玉，等. 林下经济药用植物益智和海南砂仁早期生长及光合生理研究［J］. 热带林业，2019，47（1）：18-20.

［18］刘立伟，庞玉新，杨全，等. 海南岛林下南药资源开发及利用现状［J］. 贵州农业科学，2015，43（3）：174-177.

［19］邓须军，海南热带森林资源变动下经济社会和生态协调发展研究［D］. 哈尔滨：东北林业大学，2018.

［20］王红阳，康传志，张文晋，等. 中药生态农业发展的土地利用策略［J］. 中国中药杂志，2020，45（9）：1990-1995.

［21］耿思文，吴志祥，杨川. 海南儋州地区橡胶林生态系统水汽通量变化特征及其对环境因子的响应［J］. 西北林学院学报，2021，36（1）：77-85.

［22］于界芬. 海南森林资源及其生态功能监测与评估［J］. 热带生物学报，2021，11（1）：51-57.

［23］程汉亭，沈奕德，范志伟，等. 橡胶 - 益智复合生态系统综合评价研究［J］. 热带农业科学，2014，34（10）：7-11.

［24］万修福，杨野，康传志，等. 林草中药材生态种植现状分析及展望［J］. 中国现代中药，2021，23（8）：1-9.

［25］黄梅，陈振夏，于福来，等. 海南岛裸花紫珠种质资源调查报告［J］. 中国现代中药，2017，19（12）：1717-1721.

［26］陈晗，张争，陈向东，等. 海南橡胶林下不同栽培方式对赤芝多糖和灵芝酸含量的影响［J］. 贵州科学，2021，39（05）：16-20.

［27］杨成胜. 林下养殖蟾蜍的几项管理措施［J］. 科学种养，2014（05）: 54.

［28］李美映，邵玲，林培华，等. 种植模式对巴戟天生长的影响［J］. 热带亚热带植物学报，2020，28（02）: 163-170.

［29］王帅，李佳灵，王旭，等. 海南吊罗山热带低地雨林次生林乔木物种多样性研究［J］. 热带作物学报，2015，36（05）: 998-1005.

［30］姜乃琪. 海南五指山畅好乡低地次生林群落演替特征研究［D］. 海口：海南大学，2019.